辽宁省高等学校基本科研项目（LJ2017QL022）资助

复杂环境下
充填体渐进破坏规律研究

姜明阳◎著

中国矿业大学出版社
·徐州·

内 容 提 要

本书提出了一种新型充填材料——建筑垃圾骨料充填体，探索了建筑垃圾骨料充填体的材料配合比、强度特性、蠕变特性以及不同尺寸、不同养护条件下、不同条件的碳化作用下、不同盐、酸溶液模拟矿井水腐蚀作用下建筑垃圾骨料充填体的力学特性和蠕变特性，构建了建筑垃圾骨料充填体的蠕变本构模型并利用 FLAC^{3D}数值模拟软件对建筑垃圾骨料充填体减沉效果进行了数值模拟，分析了建筑垃圾骨料充填体在潘家西沟煤矿采空区进行充填开采的减沉效果。

本书可供采矿工程、岩土工程、材料科学与工程等专业的科研人员和相关专业的高校师生参考使用。

图书在版编目(C I P)数据

复杂环境下充填体渐进破坏规律研究/姜明阳著
.一徐州：中国矿业大学出版社，2023.1
ISBN 978 - 7 - 5646 - 5697 - 3

Ⅰ.①复… Ⅱ.①姜… Ⅲ.①煤矿开采一充填法一研究 Ⅳ.①TD823.7

中国版本图书馆 CIP 数据核字(2022)第 245932 号

书　　名 复杂环境下充填体渐进破坏规律研究
著　　者 姜明阳
责任编辑 满建康
出版发行 中国矿业大学出版社有限责任公司
（江苏省徐州市解放南路　邮编 221008）
营销热线 (0516)83884103　83885105
出版服务 (0516)83995789　83884920
网　　址 http://www.cumtp.com　**E-mail**:cumtpvip@cumtp.com
印　　刷 苏州市古得堡数码印刷有限公司
开　　本 787 mm×1092 mm　1/16　**印张** 8　**字数** 157 千字
版次印次 2023 年 1 月第 1 版　2023 年 1 月第 1 次印刷
定　　价 45.00 元

前 言

采用膏体充填开采时，充填体强度大，密实度高，压缩性小，而且在采场中不需脱水，充填效果好，使得膏体充填开采得到了广泛的应用。近年来，煤矿常采用煤矸石作为膏体充填材料的粗骨料，但是在使用过程中发现很多煤矸石存在较为明显的遇水膨胀现象，从而导致膏体充填体内部产生膨胀应力，造成膏体充填体内部裂缝的产生和强度的下降。建筑垃圾是城市中常见的一种大宗固体废弃物，从资源化利用来看，我国建筑垃圾的处理方式总体资源化率不足10%。将建筑垃圾作为膏体充填材料的粗骨料，能够实现废物利用，提高建筑垃圾的利用率。因此，研究以建筑垃圾作为骨料来制备膏体充填材料具有十分重要的现实意义和应用价值。

本书采用建筑垃圾作为粗骨料、天然砂作为细骨料，以水泥作为胶凝材料，掺入粉煤灰，开展正交设计试验制备建筑垃圾骨料充填体，并通过组分优化、单轴压缩、三轴蠕变等室内试验手段，制备了最优配合比试件并分析了其强度形成的机理，建立了可以描述不同应力水平下建筑垃圾骨料充填体的蠕变模型，获得了建筑垃圾骨料充填体的蠕变规律；开展了不同条件下的碳化试验，分析建筑垃圾骨料充填体碳化后的强度损失规律；开展了不同浓度的盐、酸溶液腐蚀试验，分析模拟了矿井水腐蚀条件下建筑垃圾骨料充填体的强度损失规律；最后采用FLAC^{3D}数值模拟软件模拟分析了潘家西沟煤矿采空区使用建筑垃圾骨料充填体进行充填开采的减沉效果。研究结果表明：

(1) 以建筑垃圾为粗骨料、天然砂为细骨料、水泥为胶凝材料，掺入粉煤灰，开展正交设计试验制备建筑垃圾骨料充填体，在质量浓度为83%、水灰比为2.5、砂率为65%、粉煤灰用量为250 kg/m^3 时，充填体强度高、施工和易性好、弹性模量大，密实、均匀且泌水较少，且在能够满足矿山生产实践要求的基础上造价最低。

(2) 通过不同形状、尺寸的试件和不同温度、湿度养护条件下立方体试件的单轴压缩试验结果分析，在相同的形状条件下，试件尺寸效应明显，由于端部效应，圆柱体试件强度相对立方体试件小；养护温度越高，水泥水化反应越迅速，且后期由于粉煤灰的活性得到激发，试件强度增加；养护湿度对试件强度和弹性模量影响非常大，当水分不足时，充填体的强度和弹性模量会大幅降低。

(3) 偏应力为 1 MPa、1.5 MPa 和 2 MPa 的应力水平下的蠕变试验结果表明，建筑垃圾骨料充填体在较低的应力水平下呈现衰减蠕变和稳态蠕变，在较高的应力水平下则呈现加速蠕变的特点，在此基础上建立了可用于描述建筑垃圾骨料充填体蠕变性能演化规律的蠕变本构模型。

(4) 根据对标准试验条件、不同 CO_2 浓度条件、不同湿度条件和不同温度条件下建筑垃圾骨料充填体的碳化试验结果及试件碳化后的单轴压缩试验结果分析可知，建筑垃圾骨料充填体的碳化深度会随碳化时间增加而增加，碳化速率会随碳化时间增加而下降，碳化深度和碳化速率随 CO_2 浓度增加而增加，随碳化湿度增加而下降，随碳化温度升高而增加。基于以上分析，建立了建筑垃圾骨料充填体碳化深度、碳化速率及碳化后强度损失率随时间演化的数学模型，研究了建筑垃圾骨料充填体的碳化规律及碳化后的强度损失规律。

(5) 通过不同成分、不同浓度矿井水对充填体的腐蚀模拟试验，结果显示酸溶液对充填体的腐蚀程度明显超过了盐溶液，SO_4^{2-} 离子对建筑垃圾骨料充填体的腐蚀作用强于 Cl^- 离子，Na_2SO_4 溶液结晶产生的体积膨胀更大，对充填体的腐蚀程度大于 $MgSO_4$ 溶液；硫酸溶液的腐蚀作用强于盐酸溶液。由此建立了可以描述建筑垃圾骨料充填体在矿井水化学腐蚀作用下强度损失规律的数学模型。

(6) 利用 $FLAC^{3D}$ 数值模拟软件对潘家西沟煤矿采空区不充填、普通充填、充填体碳化后充填三种方案进行了数值模拟，结果表明采用以建筑垃圾为骨料的充填材料进行充填开采可以明显减小地表沉降，保障地表建筑物和构筑物的使用安全。

本书在编写过程中得到了多位老师、研究生的指导和帮助，在此表示感谢。感谢辽宁工程技术大学张彬教授、张向东教授、刘文生教授、杨逾教授、李永靖教授在本书内容架构构建和试验过程中提出了宝贵意见，感谢巩玉发教授、孙琦教授、金佳旭副教授、周军霞老师在本书撰写过程中给予了指导、支持与帮助，感谢硕士研究生孙彦增、于洋、蔡畅、李兵在试验和数值模拟时参与了大量工作。

由于作者水平和时间所限，书中难免存在疏漏之处，恳请各位专家和读者批评指正。

著 者

2022 年 12 月

目　录

1 绪 论

1.1 研究意义

2018—2022 年,全国新立采矿权 7 180 个,而根据 2018 年发布的有色金属、煤炭等 9 个行业绿色矿山建设标准规范,目前建设完成的国家级绿色矿山仅 1 100 多家。部分中小型矿山不仅采矿工艺、机械化装备水平落后,生产效率低下、损失贫化严重,而且普遍存在采空区安全隐患突出、残矿资源永久损失严重等问题,严重影响矿山的经济效益、服务年限和可持续发展,有悖于国家“绿水青山就是金山银山”的发展理念。因此,广大中小型矿山粗放型开采模式的转型与升级迫在眉睫,绿色开采[1]和科学开采[2]势在必行。

充填开采作为绿色开采和科学开采的重要手段,可以将大量的建筑物下、铁路下、水体下和承压水上(简称“三下一上”)矿产资源有效开采,同时能够保证地表建筑的稳定,有效控制地表沉陷,解决安全问题,又很大程度上解决了由于矿山开采造成的占压土地、地下水流失、拆迁等社会问题,有效减少固体物的排放,节约征地及无害化处理费用。充填法因其无可替代的优势,已在金属矿山、煤矿、铁矿、化工矿山得到广泛应用。鉴于此,国家相关部门出台了相关政策法规推广矿山充填开采法。2016 年,财政部、税务总局印发的《关于全面推进资源税改革的通知》规定,对符合条件的采用充填开采方式采出的矿产资源,资源税减征 50%。2017 年,国土资源部、财政部、环境保护部、国家质检总局、银监会、证监会联合印发的《关于加快建设绿色矿山的实施意见》提出,力争到 2020 年,基本形成绿色矿山建设新格局,新建矿山全部达到绿色矿山建设要求,生产矿山加快改造升级,逐步达到要求。2022 年,应急管理部、国家矿山安全监察局印发的《“十四五”矿山安全生产规划》要求,新建金属非金属地下矿山必须对能否采用充填采矿法进行论证并优先采用尾矿充填采矿法。因此,塌落法变更充填法对于部分矿山来说势在必行。

膏体充填开采是将煤矸石、尾砂、建筑垃圾等工业固体废料与胶凝材料拌和制备高浓度充填材料并使用充填泵将浆体输入井下工作面充填采空区的开采方法。采用膏体充填开采时，充填体强度大，密实度高，压缩性小，而且在采场中不需脱水，充填效果好，使得膏体充填开采得到了广泛的应用。

近年来，煤矿常采用煤矸石作为膏体充填材料的粗骨料，但是在使用过程中发现很多煤矸石存在较为明显的遇水膨胀现象，从而在充填体内部产生膨胀应力，导致充填体内部产生裂缝，强度下降，因此有必要探索选取其他材料作为膏体充填材料的粗骨料。建筑垃圾是城市中常见的一种大宗固体废弃物，资料表明中国的建筑垃圾年产量已经达到18亿吨，而且从资源化利用来看，我国建筑垃圾仍采用粗放的填埋和堆放处理方式，总体资源化率不足10%，远低于欧美国家的90%和日韩的95%。将建筑垃圾作为膏体充填材料的粗骨料，能够实现废物利用，变废为宝。因此，研究以建筑垃圾作为骨料制备膏体充填材料具有十分重要的现实意义。

膏体充填开采结束后，充填体的变形并未结束，而是在地应力的作用下发生了应变持续增长的蠕变现象。与此同时，充填体多处在复杂的腐蚀介质环境中，恶劣的矿井环境会对充填体产生化学腐蚀，造成充填体损伤；如果采空区内没有矿井水存在，暴露在空气中的充填体将与空气中的 CO_2 发生化学反应产生碳化腐蚀现象，特别是在条带充填的条件下，条带之间仍然存在较大的空区，空气中的 CO_2 与充填体发生化学反应，会影响充填体的强度和耐久性；如果采空区内存在矿井水，则会出现矿井水对充填体的化学腐蚀现象。在化学腐蚀和地应力场的共同作用下，充填体的受力状态发生改变，会出现蠕变损伤，强度降低，变形增大，充填的长期效果会受到严重的影响。因此，在采用建筑垃圾作为骨料制备一种合格的膏体充填材料基础上，探索建筑垃圾骨料充填体的长期力学性能演化规律是膏体充填开采领域具有重要研究价值的问题，研究化学腐蚀环境下的膏体充填开采也具有重要的工程意义。

1.2 国内外研究现状和发展动态

1.2.1 膏体充填材料及其配合比方面

中国矿业大学周华强教授等[3]提出了不迁村采煤，并发明了2种可用于充填开采的膏体充填材料，对煤矿充填开采具有重要的指导意义；Mishra 等[4]采用粉煤灰、石灰和石膏等材料制作充填体，并对比分析了不同组分对充填体强度影响的特征；郑保才等[5]通过正交试验和线性回归的方法，研究了煤矸石膏体充填开采材料的强度与和易性，分析了充填材料组成对膏体强度的影响；赵才智[6]在研究 SL 胶凝材料物理力学性质的基础上，发现充填体的强度与料浆本身的性质、粉煤灰用量与养护因素有关；梁晓珍等[7]采用模型试验手段开展了以建筑垃圾为骨料进行巷旁充填的试验；刘音等[8]对采用城市建筑垃圾为骨料进行采空区膏体充填的研究进展进行了分析，指出采用建筑垃圾作为骨料的研究较少且没有相关的实际应用；冯国瑞等[9]通过实验室和现场测试手段对比分析了碱性激发剂、氯盐激发剂和硫酸盐激发剂对粉煤灰活性的激发效果；刘新河等[10]开展了骨架式膏体充填开采试验，对比研究了骨架式膏体充填开采和普通膏体充填开采的效果；王斌云[11]研究了煤矸石膏体充填开采胶凝材料，分析了不同激发剂对煤矸石活性的激发效果；任亚峰[12]对矸石-粉煤灰充填材料的配料性能及配比进行了研究；李理[13]采用油页岩废渣制备膏体充填材料并从化学角度深入研究了充填材料强度形成的机理；Gandhe 等[14]详细分析了用于膏体充填开采的多种材料的特性，描述了采用尾砂、水泥、粉煤灰进行充填的特征；张钦礼等[15]采用 BP 神经网络对充填材料配合比进行了深入研究；王洪江等[16]研究了锗废渣掺入膏体材料后充填体的水化硬化规律；Krupnik 等[17]结合哈萨克斯坦充填开采实际，分析了哈萨克斯坦常用的充填材料及其对充填体性能的影响；Yilmaz 等[18]等分析了水灰比、胶凝材料用量等因素对充填体强度的影响，并研究了固结条件、应力分布对充填体物理力学特性的影响；王新民等[19]研究了采用磁化水作为拌和用水来提高建筑垃圾骨料膏体充填材料的抗压强度；张保良等[20]采用环管试验方法研究了建筑垃圾骨料膏体充填材料的泵送性能；王新民等[21]针对某石膏矿充填骨料来源不足的情况，提出了将该矿碎石和附近某磷化企业磷石膏作为充填骨料的联合胶结充填方案；张新国等[22]设计了尾砂膏体充填材料配比并在张赵煤矿 102 采区进行了成功应用；李克庆等[23]采用机械活化法和化学活化法激发水淬镍渣活性代替水泥制备膏体充填材料；吴爱祥等[24]以谦比希铜矿窄长形充填体为研究对象，分析了充填体 3 种应力状态下的目标强度，以较低成本确定了满足要求的充填体配比；马国伟等[25]将聚丙烯纤维掺入膏体充填材料后，充填体的韧度和峰值强度点的应变得到显著提高；钟常运等[26]为降低充填材料成本，采用粉煤灰代替部分水泥，并使用化学激发方式激发粉煤灰活性来制备膏体充填材料；刘音等[27]以建筑垃圾为骨料、以粗粉煤灰基为胶凝材料研究了充填体的强度与施工和易性，确定了最优配合比；金佳旭等[28]以尾砂为骨料，以水泥为胶凝材料，探索了充填体的工作特性与力学性能，重点研究了水泥用量和粉煤灰用量对充填体强度和屈服应力的影响；王莹莹等[29]采用高温煅烧手段对煤矸石进行活化，并掺入水泥熟料、石膏和矿渣等材料制备了充填体，采用微观 SEM 与 XRD 手段对充填体水化硬化机理进行了深入分析，认为早期强度主要是由水泥贡献的，后期强度由C—S—A—H贡献；Phan Van Viet等[30]以电厂工业炉渣为原料，制备低成本膏体充填材料，分析了质量分数、粉煤灰/炉渣比例以及水泥用量等因素对膏体充填材料物理力学性能的影响规律，找到了材料的最优配合比；许文远等[31]针对安庆铜矿充填料浆严重离析的情况，通过配合比试验改善了尾砂的级配，制备出了适合安庆铜矿实际情况的充填材料。

1.2.2 充填体蠕变方面

孙春东等[32]研究了大尺寸高水充填材料的蠕变变形规律，提出了考虑充填体长期强度的合理承受荷载为单轴抗压强度的70%～80%；杨欣[33]、赵奎等[34]采用单轴压缩试验手段研究了尾砂充填胶结体的蠕变性质，推导了蠕变本构方程并基于FLAC^{3D}平台进行了二次开发；孙琦等[35]采用水泥、尾砂、煤矸石等制备膏体充填材料，并针对充填膏体的特性进行了单轴压缩试验和三轴蠕变试验，建立了充填胶结体的蠕变损伤本构模型；仇培涛[36]以固体充填体为研究对象，从流固耦合角度研究了固体充填体的蠕变特性与规律，建立了固体充填体的分数阶渗流-蠕变模型；林国洪等[37]针对尾砂胶结充填材料开展了三轴蠕变试验研究，认为横向蠕变变形比轴向变形更为明显，提出了充填体长期强度的确定方法；林卫星等[38]以李楼铁矿尾砂为骨料制备了尾砂胶结充填材料，并采用单轴蠕变试验手段研究了充填体的蠕变，认为充填体的蠕变符合Burgers模型；马乾天等[39]采用单轴压缩蠕变试验和PFC数值模拟手段研究了块石胶结充填材料的蠕变特性，研究表明块石在分级加载蠕变条件下会发生移动，灰砂比对蠕变产生了较大的影响；陈绍杰等[40-41]对充填膏体蠕变硬化特征与机制进行了试验研究，得出了充填膏体在长期承载下表现出硬化特征，蠕变强度大于单轴抗压强度的结论；刘娟红等[42]采用不同应力水平的蠕变试验研究了富水充填材料的蠕变特性，研究表明应力水平达到充填体强度的90%时即可导致充填体蠕变破坏；赵树果等[43-44]开展了尾砂胶结体的单轴蠕变试验和三轴剪切蠕变试验，从蠕变规律、损伤规律和蠕变本构方面进行了分析；任贺旭等[45]采用BLW-3000剪切蠕变试验机进行了充填体的蠕变试验，研究了充填体蠕变速率与蠕变时间的关系；邹威等[46]对全尾砂胶结体进行了蠕变试验，试验结果表明胶结充填体存在比较明显的蠕变现象；郭皓等[47]研究了膏体充填材料的蠕变损伤本构模型，认为该模型符合损伤的Burgers模型的特征。

1.2.3 充填体腐蚀、碳化方面

Fall等[48-50]从养护温度、外界环境温度、硫酸盐腐蚀等角度对充填体的力

学性能进行了分析，对不同充填温度条件下充填体强度的形成机理进行了深入研究；王宝等[51]研究了硫酸盐对充填体的化学腐蚀作用，分析了硫酸盐对充填体腐蚀的机理，提出了在胶凝材料方面采用火山灰质水泥、在骨料上减少尾砂暴露时间和在掺和料上添加粉煤灰 3 种防硫酸盐腐蚀的措施；王其锋等[52]对充填体进行了抗侵蚀性、抗渗性和热稳定性等耐久性试验，结果表明在养护初期酸和盐对充填体强度影响较大，充填体抗渗强度与温度稳定性较差，该充填材料适用于碱性矿井或高温矿井；兰文涛[53]借鉴混凝土碳化的相关理论与研究方法，针对高水膨胀材料和尾砂胶结材料开展了充填体碳化试验、阻止碳化试验、防护碳化试验和水对充填体碳化的影响试验，建立了充填体的碳化理论模型；Wu 等[54-57]采用 THMC 多场耦合方法研究了复杂条件下充填体的力学性能，分析了温度和渗流对充填体力学性能的影响；孙琦等[58-61]针对膏体充填材料，采用人工加速化学腐蚀研究手段分析了氯盐和硫酸盐腐蚀后充填体的强度特性与蠕变特性，建立了相应的蠕变本构模型；高萌等[62-63]针对充填体在氯盐、碳酸盐环境作用下的腐蚀规律进行了研究，探索了充填体腐蚀后的强度劣化规律，并采用微观手段深入分析了腐蚀发生的机理；刘娟红等[64]研究了 pH 值为 1 和3 的两种酸性环境下充填体的强度演化规律，并采用 SEM、EDS 及 XRD 研究了酸性环境下充填体强度劣化的机理；黄永刚[65]针对酸性化学环境下充填体的物理、化学与力学性能演化规律进行了分析，探索了充填体受酸溶液腐蚀后的性能劣化机理；张胜光[66]研究了高盐卤环境中盐腐蚀对充填体和钢筋锈蚀的影响规律与机理；Rong 等[67]研究了膏体充填材料中硫元素对充填体孔结构和强度演化规律的影响；Li 等[68]研究了尾砂中的存在硫酸盐对膏体充填材料早期强度的影响；刘炜鹏等[69]研究了酸性腐蚀作用对充填体力学性能的影响规律，测试了酸腐蚀后充填体的质量、纵波波速和强度的变化规律；张聪俐[70]采用宏观和微观多尺度相结合的方法研究了不同盐溶液腐蚀作用后充填体的强度和动弹模衰减规律。

1.2.4 充填体微观、细观结构特征方面

邓代强等[71]对不同灰砂比的深井充填体进行了无侧限单轴抗压、抗拉测试并采用细观分析方法分析了充填体的内部结构分布规律；Fall 等[72]研究了高温对充填体强度的影响并分析了高温状态下充填体的微观结构；祝丽萍等[73]采用赤泥、尾砂和水泥制备了一种低成本充填材料并采用 SEM 和 XRD 分析了该充填体的微观结构；王云鹏[74]将充填体视为由水泥砂浆、粗骨料及其过渡区组成的材料并采用数值模拟手段进行了充填体细观力学行为的有限元分析；徐文彬等[75]通过开展不同灰砂质量比、料浆质量分数和养护龄期条件下的胶结充填体

内部微观结构演化及其强度模型试验，研究了充填体内部水化反应产物的类型及形态对充填体强度发展规律的影响；王有团[76]研发了一种新型低成本充填材料并采用 XRD 和 SEM 分析技术揭示了该材料的水化机理；孙光华等[77]采用试验研究与数值模拟相结合的手段，研究了胶结充填体在不同均质度条件下的本构关系，建立了满足 Weibull 分布的细观损伤演化方程与细观本构模型；宁建国等[78]采用微观扫描手段对充填体内部结构进行观测，构建了以水泥为胶凝材料和煤矸石为骨料的充填体结构模型；程海勇等[79]通过电镜扫描和能谱分析试验，同时结合分形理论和反应动力学对粉煤灰-水泥基膏体微观结构进行了分析，得到了粉煤灰在促进膏体料浆物相发育及强度增长的作用机制；饶运章等[80]借助 XRD 和 SEM 从微观角度揭示了减水剂对充填体强度机理的影响；李鑫等[81]采用 XRD、TG-DSC、SEM 微观研究手段研究了充填体宏观力学性能与微观化学生成物及微观结构的关系；蓝志鹏等[82]采用 SEM 对高硫充填体内部结构进行监测并分析，探索了充填材料凝结时间对充填体强度的影响规律。

1.2.5 充填体作用机理方面

许家林等[83]提出了“充填条带-上覆岩层-主关键层”结构体系并在此基础上研究了条带充填开采及其适用性；卢央泽等[84]研究了深部充填开采上覆岩层的移动和变形规律；常庆粮[85]推导出了充填体、支架和煤体三区耦合作用下顶板关键岩层的挠曲方程；Helinski 等[86]采用有限元数值模拟方法分析了尾砂胶结充填开采对岩层稳定性的影响，并分析了充填开采时上覆岩层的应力分布规律；Ackim 等[87]研究了铜矿充填开采对地表下沉的控制，分析了减沉的机理；温国惠等[88]提出了提高膏体充填胶结体的早期强度的方法并分析了上覆岩层的移动规律；陈绍杰等[89]通过理论分析与现场实测得到了条带充填开采条件下覆岩的移动和变形规律；Tapsiev 等[90]通过对吉尔吉斯斯坦煤矿充填开采的实践研究，探索了充填开采控制岩层移动的机理；周跃进等[91]分析了采空区充实率与地表下沉值之间的关系；Senapati 等[92]研究了高浓度胶结充填体对煤矿充填开采的影响，研究了充填开采状态下上覆岩层和地表的移动变形规律；Thompson 等[93]通过现场监测研究了尾砂胶结充填开采对上覆岩层和地表移动的控制，提出了监测的方法和手段；Islam 等[94]采用有限元对长臂式充填采煤的应力分布进行了计算；韩文骥等[95]研究了膏体充填开采孤岛煤柱时上覆岩层和地表的移动规律；白国良[96]通过理论分析、室内试验、工程实测和数值模拟研究了膏体充填综采工作面的移动与变形规律；王光伟等[97]针对膏体充填回收条带煤柱问题，根据膏体充填工作面顶板移动变形规律，建立了充填体与直接顶相互作用模型，为合理匹配充填步距和膏体材料早期强度性能提供依据；王新民等[98]建立了组合权重与可变模糊集耦合模型,用于评估高阶段大跨度充填体稳定性;郭惟嘉等[99]研究了充填体承载特性及工作面支护强度,建立了膏体充填开采顶板稳定性力学模型;李贞芳[100]采用试验研究和数值模拟的方法研究了充填体宽高比、充填开采顺序、采场结构参数和回采顺序对充填采场稳定性的影响并分析了围岩和充填体相互作用机制;安百富等[101]将顶板简化为梁,推导出了充实率对煤柱受力、顶板下沉量、采场应力分布特征的计算方程组并建立了煤柱稳定性的评价公式;常庆粮等[102]研究了承压水上膏体充填开采底板破坏规律及演化特征,并对膏体充填开采底板破坏范围和突水性进行了预测研究,揭示了膏体充填开采控制底板破坏的力学机理。

1.2.6 充填材料输送性能方面

龚正国[103]利用 FLOW-3D 软件研究了龙首矿管道输送压力和输送性能;王洪武[104]采用试验研究手段研究了全尾砂-炼铅炉渣膏体充填材料的输送性能,并采用灰色理论、神经网络等方法进行了优化设计;Hasan 等[105]运用数值模拟方法研究了稳定流状态下似膏体料浆管输的临界流速;李崇茂等[106]针对膏体充填料浆在泵送过程中的堵管问题进行了深入分析,从料浆质量和泵送工艺方面进行了优化;WANG 等[107]采用 Fluent 软件开展了充填料浆流动速度的数值模拟研究,并针对该问题进行了优化;李辉等[108]针对锗废渣掺入膏体充填材料后的流变特性与输送规律进行了研究,最终确定了锗废渣的最优配合比、合理输送速度,探索了锗废渣掺入后膏体充填材料在管道输送中的规律;董慧珍等[109]采用环管试验手段研究了两种质量分数的充填材料的管道输送阻力;Archibald 等[110]从管流特征、输送阻力等角度探索了充填材料在管道输送中的运移规律;张钦礼等[111]采用 Gambit 软件和 Fluent 双精度解算器进行了深井膏体充填材料输送性能的模拟研究,分析了深井条件下充填材料输送运移规律;张修香等[112]利用 Gambit 建立了三维管道模型,在 Fluent(3D)求解器中进行数值模拟,研究了粗骨料高浓度充填料浆的管道输送特性并采用试验手段进行了验证;王少勇等[113]研究了管径、料浆流速、料浆中固相含量和物料粒径对膏体料浆管道输送压力损失的影响;杨志强等[114]针对金川镍矿尾砂-棒磨砂膏体在充填管道输送中存在的堵管问题,开展了泵送减水剂对膏体的和易性与充填体强度影响试验研究;杨波等[115]针对某铁矿胶结充填工程实际,采用ANSYS/FLOTRAN进行了数值模拟,研究了充填料浆在充填管道中流动的动态规律;吴爱祥等[116-118]从颗粒级配、管壁滑移效应、外加剂掺入等多个角度分析了充填材料的输送性能;薛希龙等[119]建立了充填管道磨损风险评估的组合权重与可变模糊耦合模型;刘志祥等[120]通过环管试验研究了高倍线强阻力条件下高浓度充填料浆的管道输送特性；牟宏伟等[121]针对小倍线充填管道局部压力过大、管路磨损严重等问题，提出了用螺旋管增阻调压的结构与实施方案，并基于流体力学方法进行了理论分析，修正了充填倍线公式；林天埜等[122]以某矿水体下似膏体充填为工程背景，研发了CRT流变仪并对充填料浆的流变特性进行了试验研究，运用ICEM-CFD、Fluent和CFD-POST三个数值模拟软件对充填料浆在充填管道内的流动特征进行了分析，得到了流动规律；曹兴等[123]针对某多金属矿充填实际情况，探索了将纤维素掺入充填料浆后对充填料浆流动性的影响规律，研究结果表明掺入纤维素后充填料浆的流动阻力明显减小；程海勇(2018)[124]采用多尺度研究手段对充填料浆的流变特性与输送阻力进行了深入研究，构建了时-温效应下膏体沿程阻力预测模型。

1.3 研究内容与方法

1.3.1 研究内容

(1) 建筑垃圾骨料充填体的制备

以建筑垃圾、天然砂、水泥和粉煤灰为组成材料，设计一个四因素三水平的正交试验，并进行坍落度试验，得出不同配合比拌和物的坍落度数据，并通过单轴压缩试验测试试件3 d和28 d的单轴抗压强度，结合试件3 d和28 d的弹性模量值及工程实践选出最优配合比。

(2) 建筑垃圾骨料充填体力学性能试验研究

通过单轴压缩试验和三轴蠕变试验研究建筑垃圾骨料充填体的强度特性和蠕变特性；同时研究充填体试件的尺寸、形状、养护温度和养护湿度对充填体强度的影响；通过对三轴蠕变试验的数据分析，建立充填体的蠕变本构模型。

(3) 建筑垃圾骨料充填体耐碳化性能研究

在混凝土碳化理论的基础上，通过室内试验及理论分析对充填体碳化深度及碳化后的力学特性进行研究，建立充填体碳化深度、碳化速率、碳化后充填体强度与碳化时间的关系模型，分析CO_2浓度、湿度和温度对碳化强度的影响规律，建立不同环境条件下建筑垃圾骨料充填体碳化数学模型；针对标准试验条件下碳化后的充填体，开展三轴蠕变试验，分析碳化后的蠕变变形规律。

(4) 建筑垃圾骨料充填体耐化学腐蚀研究

采用不同浓度、不同种类的腐蚀溶液对充填体开展不同时间的腐蚀试验，研究充填体的耐腐蚀性。分别采用浓度为5%、10%、20%的NaCl溶液、Na_2SO_4溶液和$MgSO_4$溶液以及pH值为1、3、5的盐酸与硫酸溶液进行试验，观测腐蚀 0 d、7 d、30 d、60 d、90 d、120 d 的充填体强度变化，分析建筑垃圾骨料充填体受到不同溶液化学腐蚀的机理。针对腐蚀后的充填体，开展化学溶液腐蚀后的三轴蠕变试验，测试和分析充填体腐蚀后的蠕变变形规律。

(5) 针对潘家西沟煤矿的具体工程背景，开展未充填开采、充填开采、充填体经碳化作用后的数值模拟研究，分析采用建筑垃圾为骨料的充填材料进行充填开采对地表沉陷的控制作用，探索充填体碳化后地表沉陷的变化规律，为潘家西沟煤矿充填开采提供指导。

1.3.2 研究目标

(1) 制备一种以建筑垃圾为骨料的充填材料并研究其力学性能演化规律，分析充填体尺寸效应和养护温度、湿度对充填体强度的影响，通过三轴蠕变试验，建立充填体蠕变本构模型。

(2) 探索建筑垃圾骨料充填体受到碳化作用后力学性能的演化规律，分析 CO_2 浓度、温度和湿度对充填体碳化深度、速率和碳化后强度的影响规律及机理。

(3) 研究建筑垃圾骨料充填体在盐溶液和酸溶液腐蚀作用下的强度和蠕变演化规律，分析强度衰减机理。

1.3.3 拟解决的问题

(1) 探索充填体强度和蠕变演化规律，建立建筑垃圾骨料充填体强度蠕变本构模型。

(2) 探索建筑垃圾骨料充填体在不同 CO_2 浓度、湿度和温度作用下的碳化深度、碳化速率以及碳化后强度的演化机理，构建碳化深度、碳化速率、碳化后强度损失率与碳化时间关系的数学模型。

(3) 探索建筑垃圾骨料充填体在不同溶液腐蚀后的强度与蠕变变形规律，分析充填体腐蚀后强度的演化机理。

1.3.4 试验手段

(1) 建筑垃圾骨料充填体的组分优化设计及基本性能测试

以建筑垃圾、天然砂、水泥和粉煤灰为组成材料，设计一个四因素三水平的正交试验，四因素分别为质量分数(固体质量占总质量的百分比)、水灰比(水与胶凝材料质量之比)、砂率和粉煤灰用量，其中质量分数的 3 个水平为 80%、83%和 86%，水灰比的 3 个水平为 1.5、2.0 和 2.5，砂率的 3 个水平为 65%、75%和 85%，粉煤灰用量的 3 个水平为 150 kg/m^3、250 kg/m^3 和 350 kg/m^3，通过正交试验设计9种配合比，对9种不同配合比的充填体拌和物采用搅拌机搅拌后，根据《普通混凝土拌合物性能试验方法标准》(GB/T 50080—2016)中的试验方法进行坍落度试验，得出不同配合比拌和物的坍落度数据，并对各种配合比的充填体进行单轴压缩试验，分析充填体3 d和28 d的单轴抗压强度和弹性模量，综合各项指标及工程实际操作从中选出1个最优配合比。

(2) 不同形状和不同尺寸的试件强度试验

选取2个立方体试件(100 mm×100 mm×100 mm和200 mm×200 mm×200 mm)和2个圆柱体试件(ϕ50 mm×100 mm、ϕ100 mm×200 mm)，测试其3 d、7 d、28 d的单轴抗压强度，采取每组试验做3次的平行试验方式，研究建筑垃圾骨料充填体的强度与试件形状和尺寸之间的关系。

(3) 不同养护温度和不同养护湿度下的试件强度试验

选取20 ℃、30 ℃、40 ℃、50 ℃和60 ℃五种温度，湿度为95%，对充填体试件进行养护，分析不同养护龄期充填体强度的演化规律；选取湿度为95%、85%、75%和65%四个标准进行养护，养护时的温度为20 ℃，分析不同养护龄期充填体强度的演化规律。

(4) 不同围压水平和不同偏应力水平的三轴蠕变试验

在围压为1 MPa、2 MPa和3 MPa三个水平下，采用1 MPa、1.5 MPa、2 MPa和2.5 MPa四个偏应力水平开展蠕变试验，建立建筑垃圾骨料充填体蠕变本构模型。

(5) 标准试验条件下的碳化试验

建筑垃圾骨料充填体碳化试验的试件采用尺寸为100 mm×100 mm×300 mm棱柱体试件，每3块试件为一组，采用平行试验方式进行，养护的温度为(20±1) ℃，湿度大于95%，养护28 d后进行标准试验条件下的碳化试验，在混凝土碳化理论的基础上，通过室内试验及理论分析对充填体碳化深度及碳化后的力学特性进行研究，建立充填体碳化数学模型。

(6) 不同CO_2浓度、湿度和温度下的碳化试验

将建筑垃圾骨料充填体碳化湿度保持在(70±5)%，温度保持在(20±2) ℃，CO_2浓度选取自然大气状态、5%、10%、15%和20%五种状态，分别研究5种CO_2浓度条件下充填体的碳化深度和碳化速率；将建筑垃圾骨料充填体碳化温度保持在(20±2) ℃，CO_2浓度保持在(20±3)%，相对湿度选取50%、60%、70%、80%和90%五种状态，分别研究5种相对湿度条件下充填体的碳化深度和碳化速率；将建筑垃圾骨料充填体碳化湿度保持在(70±5)%，CO_2浓度保持在(20±3)%，温度选取20 ℃、30 ℃、40 ℃、50 ℃和60 ℃五种状态，分别研究5种温度条件下充填体的碳化深度和碳化速率，并分析建筑垃圾骨料充填体在

不同环境因素下的碳化机理。

(7) 不同 CO_2 浓度、不同湿度和不同温度下碳化后的强度试验

探索不同 CO_2 浓度、湿度和温度下充填体碳化后的强度演化规律，建立强度损失率数学模型。

(8) 碳化后的蠕变试验

在标准的碳化试验条件下，即控制碳化箱内的 CO_2 的浓度在(20±3)%，湿度保持在(70±5)%，温度保持在(20±2) ℃，对碳化 1 d、3 d、7 d、14 d 和 28 d 的充填体分别开展不同应力水平的蠕变试验，并建立建筑垃圾骨料充填体碳化后的蠕变本构模型。

(9) 不同种类和不同浓度溶液的腐蚀试验和腐蚀后的强度试验

开展不同腐蚀溶液和不同腐蚀时间的腐蚀试验，腐蚀溶液分别为浓度 5%、10%、20%的 NaCl 溶液、Na_2SO_4 溶液和 $MgSO_4$ 溶液及 pH 值为 1、3、5 的盐酸与硫酸溶液，研究腐蚀后充填体的强度演化规律，建立强度损失率数学模型。

(10) 腐蚀后的蠕变试验

选取盐溶液(浓度为 10%)腐蚀 120 d 和酸溶液(pH 值为 5)腐蚀 120 d 后的充填体开展三轴蠕变试验，分析腐蚀后建筑垃圾骨料充填体的蠕变规律，并建立蠕变本构模型。

1.4 创新点

本书的研究是土木工程材料学、岩体力学和流变力学的融合，特色与创新之处体现在：

(1) 改进了 Kelvin-Voigt 模型，在其上串联一个体现加速蠕变的非线性黏壶元件，并首次将模型用于开展建筑垃圾骨料充填体的蠕变特性研究，获得了建筑垃圾骨料充填体的蠕变演化规律。

(2) 建立了描述不同 CO_2 浓度、湿度和温度下建筑垃圾骨料充填体碳化深度、碳化速率和碳化后强度损失率随时间演化规律的数学模型，揭示了建筑垃圾骨料充填体碳化后力学性能演化机理。

(3) 建立了描述建筑垃圾骨料充填体受到盐溶液和酸溶液腐蚀后强度演化规律的数学模型，揭示了建筑垃圾骨料充填体受盐溶液和酸溶液腐蚀的机理。

1.5 技术路线

本书研究内容以岩石流变力学、岩土力学、土木工程材料学为基础，采用“试验-模型-规律”的思路研究建筑垃圾骨料充填体的长期力学性能演化规律，采用的技术路线如下：

(1) 查阅国内外大量文献，为试验奠定基础。

(2) 以建筑垃圾、天然砂、水泥和粉煤灰为组成材料，设计一个四因素三水平的正交试验，按照正交试验方案进行配合比设计，确定最优配合比。

(3) 开展建筑垃圾骨料充填体基本性能测试，包括坍落度试验和单轴压缩试验，根据试验结果确定最优配合比。

(4) 开展建筑垃圾骨料充填体尺寸效应研究，分析充填体试件尺寸、形状对充填体试件强度的影响规律。

(5) 开展建筑垃圾骨料充填体受到养护温度和湿度影响的研究，分析养护温度和养护湿度对建筑垃圾骨料充填体强度的影响规律与机理。

(6) 开展建筑垃圾骨料充填体三轴蠕变试验研究，分析蠕变规律，建立蠕变本构模型。

(7) 开展建筑垃圾骨料充填体的碳化试验研究，研究碳化深度与碳化速率的演化规律及 CO_2 浓度、湿度和温度对碳化深度和碳化速率的影响，建立对应的数学模型。

(8) 开展建筑垃圾骨料充填体碳化后的强度试验研究，研究 CO_2 浓度、湿度和温度对充填体碳化后强度的影响，建立对应的数学模型。

(9) 开展建筑垃圾骨料充填体碳化后的蠕变试验研究，分析碳化后充填体的蠕变演化规律。

(10) 开展建筑垃圾骨料充填体受到盐溶液和酸溶液腐蚀后的强度演化规律研究，建立对应的数学模型。

(11) 开展建筑垃圾骨料充填体受到盐溶液和酸溶液腐蚀后的蠕变演化规律研究，得到开展建筑垃圾骨料充填体的长期力学性能演化机理。

(12) 针对潘家西沟煤矿具体情况进行数值模拟分析，开展未充填、充填、充填体碳化的数值模拟研究，指导充填开采设计与施工。

技术路线图如图 1-1 所示。

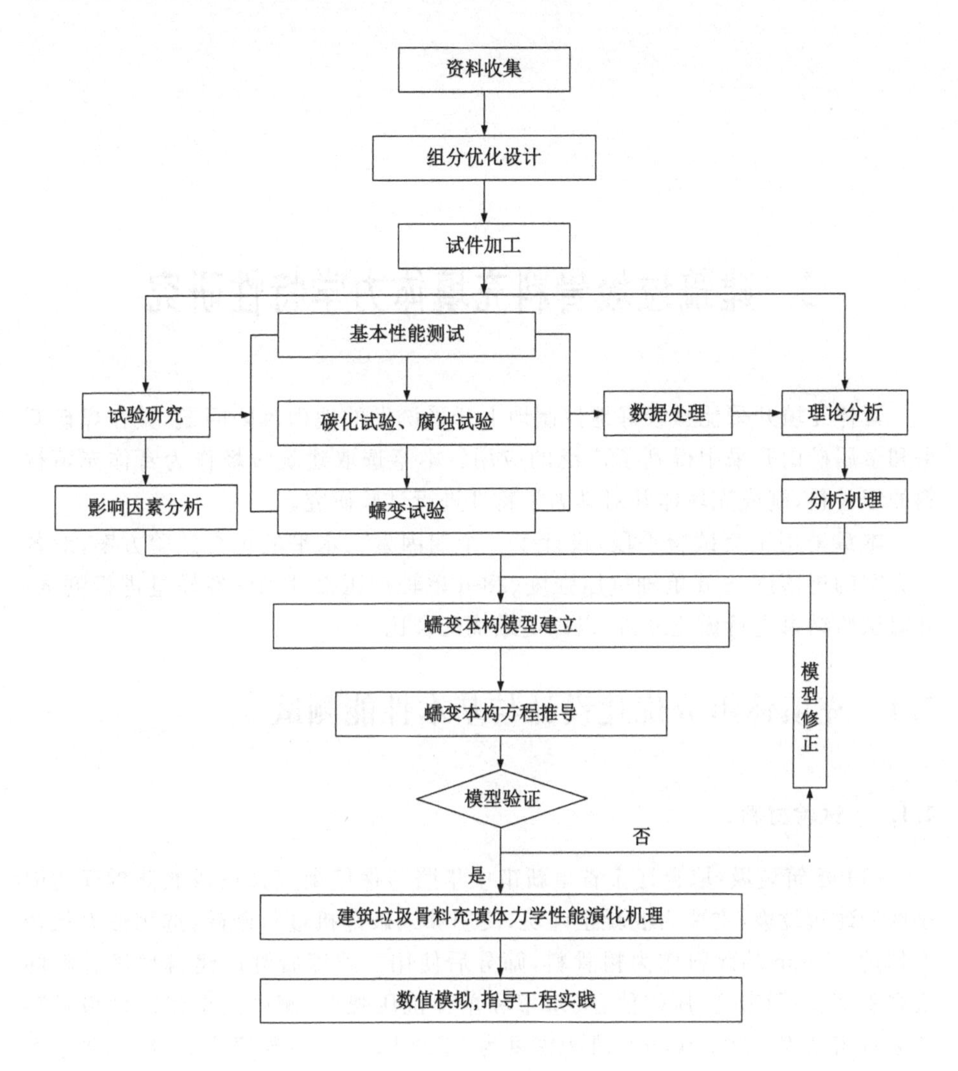
资料收集
组分优化设计
试件加工
试验研究
影响因素分析
基本性能测试
碳化试验、腐蚀试验
蠕变试验
数据处理
理论分析
分析机理
蠕变本构模型建立
蠕变本构方程推导
模型验证
模型修正
否
是
建筑垃圾骨料充填体力学性能演化机理
数值模拟,指导工程实践

图 1-1　技术路线

2 建筑垃圾骨料充填体力学特性研究

膏体充填开采能够较好地控制地下开采诱发的地面沉陷问题，其在煤矿开采和金属矿山开采中得到了广泛的应用。本章选取建筑垃圾作为膏体充填材料的粗骨料，制成充填体并对其力学特性进行试验研究。

本章采用正交试验手段，设计了一个四因素三水平的正交试验方案，对各个方案的坍落度、3 d 单轴抗压强度、28 d 单轴抗压强度和弹性模量进行测试，并对试验结果进行极差分析，以确定最优配合比。

2.1 充填体组分优化设计与基本性能测试

2.1.1 试验材料

(1) 建筑垃圾：取自辽宁省阜新市中华路与保健街交叉口西北侧拆迁的旧小区的建筑垃圾，主要为混凝土碎块，使用颚式破碎机进行破碎，选用最大粒径不超过 25 mm 的碎料作为粗骨料，筛分后使用。破碎后测试建筑垃圾骨料的表观密度、堆积密度、压碎值、吸水率和单轴抗压强度，测试获得建筑垃圾骨料的表观密度为 2 398 kg/m^3，堆积密度为 1 232 kg/m^3，压碎值为 12.8%，吸水率为 7.9%，单轴抗压强度为 36.1 MPa，级配曲线如图 2-1 所示。

(2) 水泥：选用辽宁省阜新市大鹰水泥厂生产的鹰山牌 P·C 32.5 级复合硅酸盐水泥。

(3) 天然砂：为中砂，级配如表 2-1 所列。

(4) 粉煤灰：选用辽宁省阜新市鑫源粉煤灰公司提供的一级粉煤灰，化学组成成分如表 2-2 所列。

(5) 水：选用自来水。

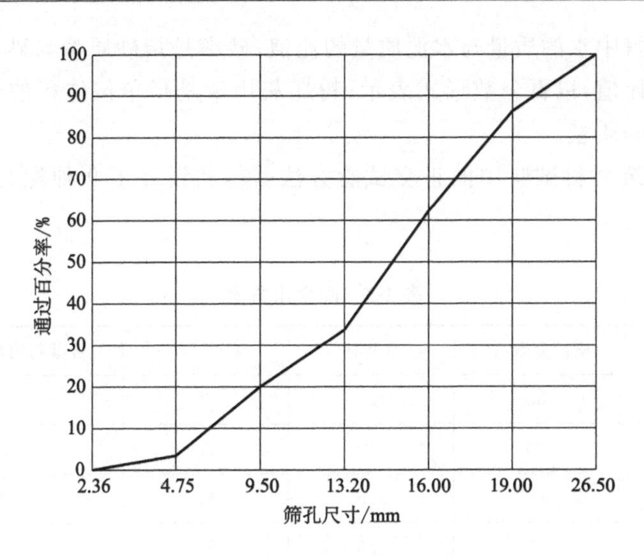

图 2-1 建筑垃圾骨料级配曲线

表 2-1 天然砂级配

筛孔尺寸/mm	累计筛余百分率/%	筛孔尺寸/mm	累计筛余百分率/%
4.750	3.6	2.360	14.2
1.180	33.6	0.600	58.1
0.300	78.3	0.150	95.6
0.075	99.3	筛底	100.0

表 2-2 粉煤灰化学组成

成分	含量/%	成分	含量/%
SiO_2	54.1	Al_2O_3	31.1
Fe_2O_3	7.3	CaO	4.3
MgO	2.0	SO_3	1.2

2.1.2 正交试验设计

以质量分数 A、水灰比 B、砂率 C 和粉煤灰用量 D 为正交试验的 4 个因素，其中质量分数是指膏体充填材料中固体材料质量与总质量的比值；水灰比是指膏体充填材料中水的质量与水泥质量的比值；砂率是指砂质量与砂和建筑垃圾质量之和的比值，以百分数形式表示；粉煤灰用量是指单位体积的膏体充填材料中粉煤灰的质量。

根据建筑材料试验中的正交试验方法[125]，共设计了 9 种配合比方案，如表 2-3所列。

表 2-3　配合比方案

试验编号	质量分数/%	水灰比	砂率/%	粉煤灰用量/(kg/m³)
1	80	1.5	65	150
2	80	2.0	75	250
3	80	2.5	85	350
4	83	1.5	75	350
5	83	2.0	85	150
6	83	2.5	65	250
7	86	1.5	85	250
8	86	2.0	65	350
9	86	2.5	75	150

对 9 种不同配合比的充填体坍落度、3 d 单轴抗压强度、28 d 单轴抗压强度和弹性模量进行测试，为保证试验数据的可靠性，采取每组试验做 3 次的平行试验方式。当 3 个试验结果与中间值之间的差值在 15%以内时，取平均值作为试验结果；当其中 1 个试验结果超过中间值的 15%时，取中间值作为试验结果；若其他 2 个试验数据均超过中间值的 15%，则该组数据视为无效。对于单轴抗压强度试验，制成 100 mm×100 mm×100 mm 的立方体试件，每组 6 个试件，3 个试件用于测试 3 d 强度，3 个试件用于测试 28 d 强度，试件照片如图 2-2 所示。单轴压缩试验应按下列步骤进行：

(1) 试验前要保证试件位于试验机承压板中心，仔细调试球形座，以保证上、下端面接触均匀。

(2) 加载速度为 0.5～1.0 MPa/s，同时记录加载过程中出现的现象，试件破坏后记录下破坏荷载。

(3) 试验结束后，整理描述试件破坏时的形态。

图 2-2　试件

2.1.3　试验结果

试验结果如表 2-4～表 2-6 所列。

表 2-4　坍落度试验结果

试验编号	坍落度/mm			结果取值/mm
	1	2	3	
1	193	188	206	196
2	203	192	211	202
3	216	202	228	215
4	182	196	186	188
5	188	197	189	191
6	176	181	162	173
7	153	162	156	157
8	154	157	167	159
9	162	164	158	161

表 2-5　单轴抗压强度试验结果

试验编号	3 d 强度/MPa				28 d 强度/MPa			
	1	2	3	结果取值	1	2	3	结果取值
1	0.62	0.69	0.71	0.67	8.15	6.86	5.84	6.86
2	0.55	0.40	0.41	0.41	4.50	4.88	3.90	4.43

表 2-5(续)

试验编号	3 d强度/MPa				28 d强度/MPa			
	1	2	3	结果取值	1	2	3	结果取值
3	0.34	0.37	0.29	0.33	3.13	4.12	3.06	3.13
4	0.65	0.85	0.86	0.85	6.43	6.89	6.15	6.49
5	0.46	0.41	0.46	0.44	3.21	3.26	3.58	3.35
6	0.37	0.46	0.51	0.46	3.65	3.78	3.16	3.53
7	1.41	1.46	1.39	1.42	7.87	6.36	7.89	7.37
8	0.71	0.69	0.48	0.69	4.15	3.68	3.52	3.68
9	0.66	0.67	0.66	0.66	2.79	3.00	2.90	2.90

表 2-6　弹性模量试验结果

试验编号	3 d强度/MPa				28 d强度/MPa			
	1	2	3	结果取值	1	2	3	结果取值
1	52	47	44	48	1 260	950	830	950
2	38	41	35	38	620	710	630	653
3	22	35	21	22	515	416	426	426
4	57	61	56	58	867	832	856	852
5	41	38	52	41	557	563	579	566
6	41	51	47	46	578	589	567	578
7	72	65	63	67	1 109	1 098	1 067	1 091
8	65	52	53	53	656	632	631	640
9	51	49	56	52	423	467	415	435

2.1.4　试验结果分析

(1) 坍落度试验结果分析

为进一步分析质量分数、水灰比、砂率和粉煤灰用量对膏体充填材料性能的影响,进而确定最优配合比,对坍落度试验数据进行极差分析,分析结果如表 2-7所列,效应曲线如图 2-3(图中横坐标 A、B、C、D 分别对应质量分数、水灰比、砂率和粉煤灰用量 4 种因素,下标 1、2、3 对应各因素的三组均值)所示。

从表 2-7 和图 2-3 可以看出,对膏体充填材料坍落度影响最大的因素是质量分数,且远比其他因素影响大得多,这是由于质量分数越小、含水越多,坍落度也就相应更大；其次为砂率，砂率越大，细骨料越多，坍落度越大；粉煤灰用量的影响程度占第三位，水灰比影响最小，这是因为在质量分数已经确定的情况下，水灰比不能反映用水量，而仅仅反映水泥用量。从试验过程来看，当坍落度处于160～200 mm时膏体充填材料具备较好的流动性，同时密实均匀且泌水较少，坍落度超过200 mm时存在泌水离析现象，坍落度低于160 mm则存在一定的流动性不足，不利于泵送，单独考察坍落度时最优方案是方案1，即 $A_1B_1C_1D_1$。

表 2-7　坍落度极差分析

因素	均值1	均值2	均值3	极差
质量分数 A	204.333	184.000	159.000	45.333
水灰比 B	180.333	184.000	183.000	3.667
砂率 C	176.000	183.667	187.667	11.667
粉煤灰用量 D	182.667	177.333	187.333	10.000

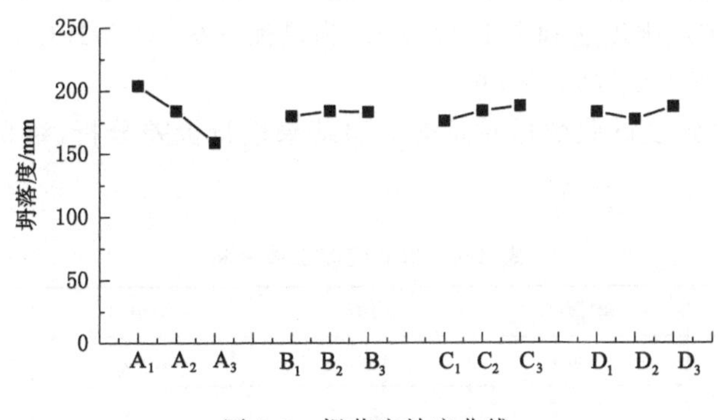

图 2-3　坍落度效应曲线

（2）3 d强度试验结果分析

通过3 d强度试验数据对正交试验结果进行极差分析，分析结果如表2-8和图2-4所示。

表 2-8　3 d强度极差分析

因素	均值1	均值2	均值3	极差
质量分数 A	0.470	0.583	0.923	0.453
水灰比 B	0.980	0.513	0.483	0.497
砂率 C	0.607	0.640	0.730	0.123
粉煤灰用量 D	0.590	0.763	0.623	0.173

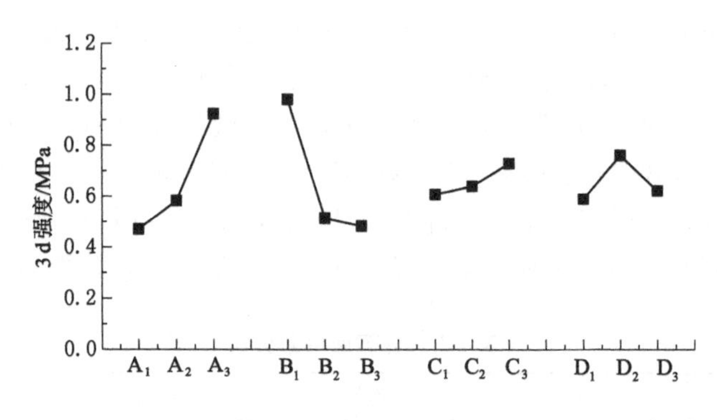

图 2-4 3 d强度效应曲线

从表 2-8 和图 2-4 可以看出，对膏体充填材料 3 d 强度影响最大的因素是水灰比，在相同质量分数的情况下，水灰比反映水泥的用量，此时水灰比越小，水泥用量越多，3 d 强度越大；影响第二大的因素是质量分数，质量分数越高，固体颗粒越多，3 d 强度越大；砂率和粉煤灰用量影响较小。对于 3 d 强度来说，方案 7 的 3 d 单轴抗压强度达到了 1.42 MPa，为最优方案，即 $A_3B_1C_3D_2$。

(3) 28 d强度试验结果分析

通过 28 d 强度试验数据对正交试验结果进行极差分析，结果如表 2-9 和图 2-5所示。

表 2-9 28 d 强度极差分析

因素	均值 1	均值 2	均值 3	极差
质量分数 A	4.807	4.457	4.650	0.350
水灰比 B	6.907	3.820	3.187	3.720
砂率 C	4.690	4.607	4.617	0.083
粉煤灰用量 D	4.370	5.110	4.433	0.740

从表 2-9 和图 2-5 可以看出，对膏体充填材料 28 d 强度影响最大的因素是水灰比，水灰比越小，水泥用量越多，28 d 强度越大；影响第二大的因素是粉煤灰用量，且强度随粉煤灰用量增加呈现先增加后下降的趋势，这是因为随着养护时间的增加，粉煤灰受到复合硅酸盐水泥的激发，促进了膏体充填材料强度的增长；粉煤灰用量增加后，强度也出现了增加，但用量过多时强度反而下降，这是由于掺量过多时，很多粉煤灰不能参加化学反应，而是以细骨料的形式存在，细骨料多，强度出现下降。对于 28 d 强度来说，方案 7 的 28 d 单轴抗压强度达到了 7.37 MPa，为最优方案，即 $A_3B_1C_3D_2$。

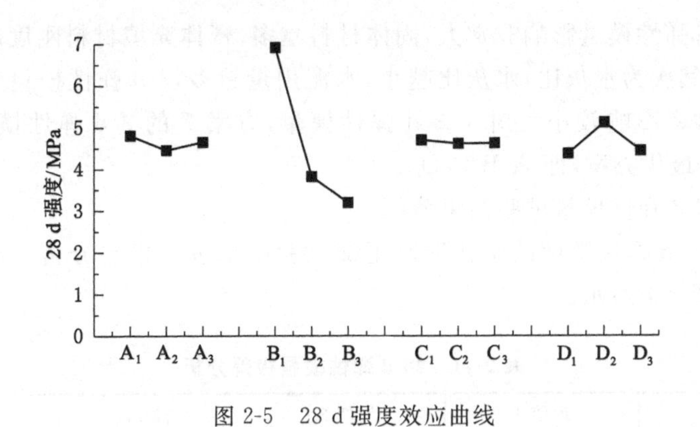

图 2-5　28 d 强度效应曲线

(4) 3 d 弹性模量试验结果分析

通过 3 d 弹性模量试验数据对正交试验结果进行极差分析，分析结果如表 2-10 和图 2-6 所示。

表 2-10　3 d 弹性模量极差分析

因素	均值 1	均值 2	均值 3	极差
质量分数 A	36.000	48.333	57.333	21.333
水灰比 B	57.667	44.000	40.000	17.667
砂率 C	49.000	49.333	43.333	6.000
粉煤灰用量 D	47.000	50.333	44.333	6.000

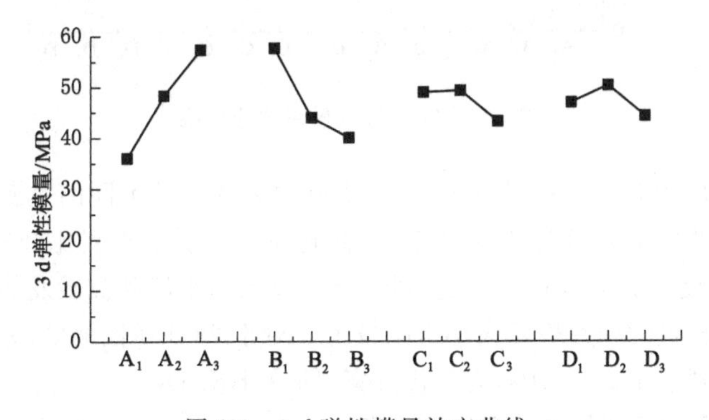

图 2-6　3 d 弹性模量效应曲线

从表 2-10 和图 2-6 可以看出，对膏体充填材料 3 d 弹性模量影响最大的因素是质量分数，3 d 弹性模量随质量分数增加而显著增大，这说明 3 d 时固体材料的含量对弹性模量影响非常大，固体材料越多，膏体充填材料刚度越大，弹性模量越大；其次为水灰比，水灰比越小，水泥用量越多，3 d 弹性模量越大；粉煤灰用量和砂率影响较小。对于 3 d 弹性模量，方案 7 的 3 d 弹性模量达到了 67 MPa，为最优方案，即 $A_3B_1C_3D_2$。

(5) 28 d 弹性模量试验结果分析

通过 28 d 弹性模量试验数据对正交试验结果进行极差分析，分析结果如表 2-11和图 2-7 所示。

表 2-11　28 d 弹性模量极差分析

因素	均值 1	均值 2	均值 3	极差
质量分数 A	675.333	662.000	718.000	56.000
水灰比 B	964.333	615.333	475.667	488.666
砂率 C	722.667	641.667	691.000	81.000
粉煤灰用量 D	643.000	773.000	639.333	133.667

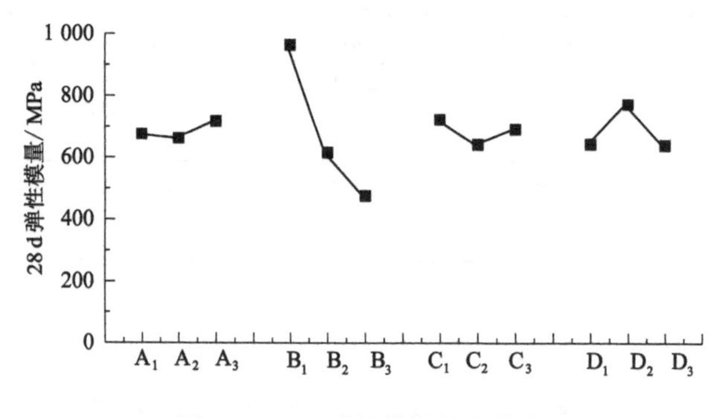

图 2-7　28 d 弹性模量效应曲线

从表 2-11 和图 2-7 可以看出，与 3 d 弹性模量明显不同的是到 28 d 时，质量分数对弹性模量的影响已经非常小，影响因素主要是水灰比和粉煤灰用量，这和 28 d 强度的影响因素有一定的相似性，反映出水泥和被激发的粉煤灰活性对膏体充填材料的弹性模量大小贡献较大。对于 28 d 弹性模量，方案 7 的 28 d 弹性模量达到了 1 091 MPa，为最优方案，即 $A_3B_1C_3D_2$。

(6) 综合分析和最优配合比的确定

从以上的极差分析可以看出，除了坍落度外，方案 7 是充填体强度和弹性模量能达到最大的方案，然而方案 7 的强度和弹性模量主要受到水灰比和质量分数两种因素的影响，而水灰比越小、质量分数越大，则水泥的用量就越多。对于膏体充填材料来说，成本主要来自水泥，因此不能盲目追求更大的强度和弹性模量，应该结合工程实际来选取合适的方案。

根据矿山生产实践，充填体的坍落度应在 150 mm 以上，3 d 强度应在 0.4 MPa以上，28 d 强度应在 2 MPa 以上，3 d 弹性模量应在 30 MPa 以上，28 d 弹性模量应在 500 MPa 以上。在选取最优方案时，应根据矿山生产实践要求，同时考虑节约水泥，降低成本。

从矿山生产实践要求来看，方案 1、2、4、5、6、7、8 均满足生产要求，另外从试验中可以看出坍落度在 160～200 mm 之间时充填材料流动性较好且均匀密实，因此再排除方案 2、7、8，可以从方案 1、4、5、6 中选取最优方案。下面从成本角度进行分析，在方案 1、4、5、6 中，方案 6 最节省水泥且能够满足生产实践要求，因此确定方案 6 为最优方案，即质量分数为 83%、水灰比为 2.5、砂率为 65%、粉煤灰用量为 250 kg/m^3。

(7) 最优配合比的验证试验

根据正交试验的基本原理，对于确定的最优方案，需要进一步做试验进行验证，这里对于确定的方案 6 进行验证试验。试验结果为：该配合比制备的试件坍落度为 178 mm，3 d 强度为 0.43 MPa，28 d 强度为 3.65 MPa，3 d 弹性模量为 39 MPa，28 d 弹性模量为 602 MPa。从验证试验可以看出，该数据与原试验数据相比误差不大，在此配合比条件下充填体具有强度高、施工和易性好、弹性模量大的特点，能够满足膏体充填开采的要求，该配合比是本次正交试验的最优配合比。

(8) 最优配合比充填体的全应力-应变曲线

最优配合比充填体的全应力-应变曲线如图 2-8 所示。

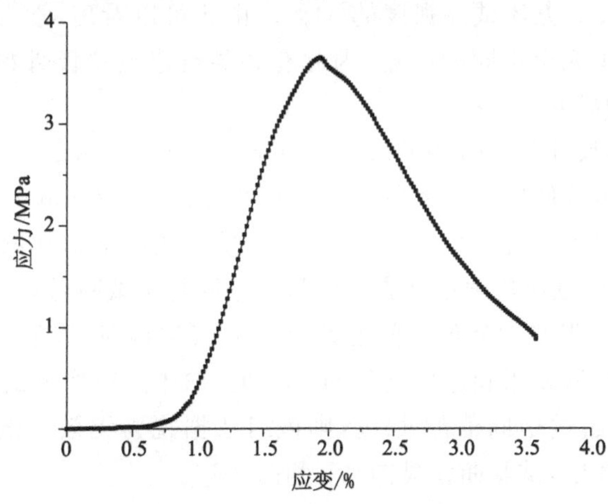

图 2-8 全应力-应变曲线

从建筑垃圾骨料充填体的全应力-应变曲线可以看出，全应力-应变曲线的第一个阶段曲线呈现出上凹的形状，这是由于充填体的水灰比相对较大，内部存在大量的孔隙，受到压缩之后变形模量增大；第二个阶段曲线近似呈直线，在这个阶段变形模量近似为一个常数，这是因为充填体处于线弹性阶段，没有产生塑性变形；第三个阶段是进入屈服阶段，这一阶段曲线下弯，变形模量变小，直至达到峰值强度，此后进入峰后阶段，应变持续增长，变形模量下降。

2.2 充填体尺寸效应研究

充填体作为一种人工材料，与混凝土、岩石和土等天然材料一样，尺寸和形状会对试件的强度造成影响，已经有一些学者对该问题进行了研究。Annor[126]研究认为充填体与混凝土的尺寸效应存在相似性，随尺寸的增大强度减小；Hassani 等[127]研究结果表明当掺入尾砂或者天然砂的充填体尺寸效应不明显，且尺寸在 ϕ152 mm 以内时强度与尺寸呈正相关，超过 ϕ152 mm 以后强度与尺寸呈负相关；郭利杰[128]的研究结果表明，随尺寸增加充填体强度呈现非线性的下降趋势；叶光祥等[129]的研究结果表明，随尺寸增加充填体强度呈现增加趋势；徐淼斐等[130]的试验研究结果表明，70.7 mm×70.7 mm×70.7 mm 立方体充填材料试件的强度最大，ϕ76.2 mm×152.4 mm 圆柱体充填材料试件强度次之，ϕ50.8 mm×101.6 mm 圆柱体充填材料试件强度最小；甘德清等[131]的研究表明，充填体试件随尺寸增加强度显著下降，尺寸为 200 mm 的立方体试件强度仅为 70.7 mm 立方体试件强度的 54%。由此可以看出，学者们的研究差异很大，甚至出现了完全不同的结论，因此有必要对建筑垃圾骨料充填体的尺寸效应进行深入的研究。

选取立方体尺寸 2 个(100 mm×100 mm×100 mm 和 200 mm×200 mm×200 mm)，圆柱体试件尺寸 2 个(ϕ50 mm×100 mm、ϕ100 mm×200 mm)，试件配合比为质量 83%，水灰比 2.5，砂率 65%，粉煤灰用量 250 kg/m^3，测试试件 3 d、7 d、28 d 的单轴抗压强度和弹性模量。采取每组试验做 3 次的平行试验方式，当 3 个试验结果与中间值之间的差值在 15%以内时，取平均值作为试验结果；当其中一个试验结果超过中间值的 15%时，取中间值作为试验结果，若其他 2 个试验数据均超过中间值的 15%，则该组数据视为无效。试验数据汇总见表 2-12和表 2-13 中，试验曲线见图 2-9 和图 2-10。

表 2-12 不同尺寸试件的单轴抗压强度

尺寸	抗压强度平均值/MPa		
	3 d	7 d	28 d
100 mm×100 mm×100 mm	0.42	1.35	3.42
200 mm×200 mm×200 mm	0.35	1.02	2.81
ϕ50 mm×100 mm	0.38	1.15	2.92
ϕ100 mm×200 mm	0.31	0.98	2.25

表 2-13 不同尺寸试件的弹性模量

尺寸	弹性模量平均值/MPa		
	3 d	7 d	28 d
100 mm×100 mm×100 mm	45	206	531
200 mm×200 mm×200 mm	34	159	420
ϕ50 mm×100 mm	39	189	463
ϕ100 mm×200 mm	30	148	365

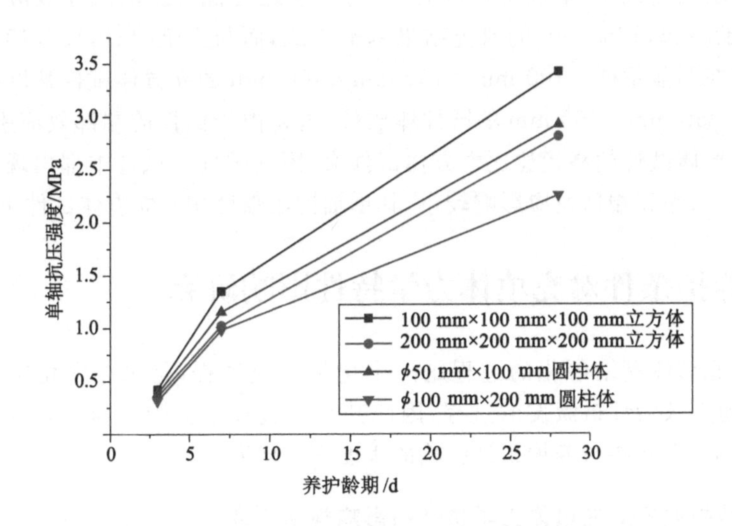

图 2-9 不同尺寸试件的单轴抗压强度

通过上述研究可以发现，试件的强度和弹性模量的变化规律随尺寸变化的规律基本一致，强度和弹性模量最大的试件尺寸为 100 mm×100 mm×100 mm 的立方体试件，其次为 ϕ50 mm×100 mm 的圆柱体试件，再次为 200 mm×

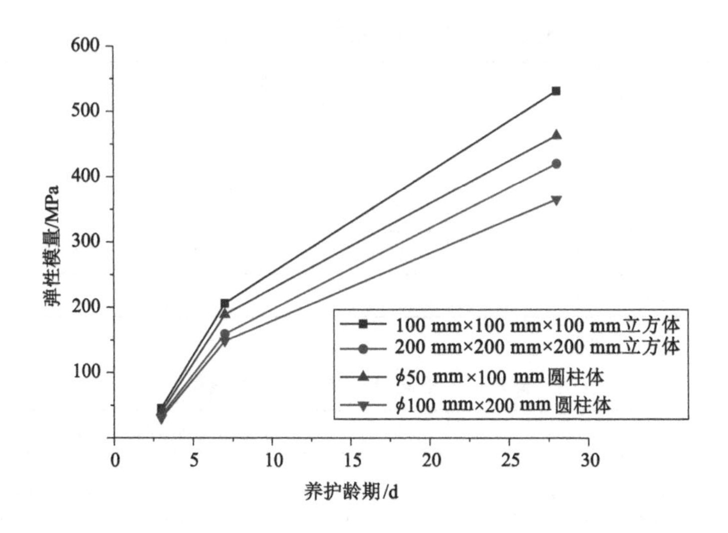

图 2-10　不同尺寸试件的弹性模量

200 mm×200 mm 的立方体试件，最后为 ϕ100 mm×200 mm 的圆柱体试件。

上述研究结果表明，在相同的形状条件下，建筑垃圾骨料充填体试件强度随尺寸的增大而减小，呈现出明显的尺寸效应，这与混凝土的尺寸效应基本一致，与文献[126,128,130]的研究结果基本一致，而与文献[127,129,131]的研究结果存在明显不同。100 mm×100 mm×100 mm 的立方体试件强度与弹性模量大于 ϕ50 mm×100 mm 的圆柱体试件，这是由于试件的端部效应引起的，由于圆柱形体试件的高径比比立方体试件大，因此圆柱体试件中部出现了均匀的受力状态，受到端部效应影响较小，其单轴抗压强度相对立方体试件小。

2.3　养护条件对充填体力学特性影响研究

由于充填体凝结硬化的过程是一个化学反应过程，是水泥水化反应的过程，也是粉煤灰活性被激发的过程，因此其反应过程中会受到养护温度和养护湿度的影响，有必要对养护条件影响的程度进行研究。

2.3.1　养护温度对充填体力学特性的影响规律研究

选取 20 ℃、30 ℃、40 ℃、50 ℃和 60 ℃五种温度，养护时的湿度选取 95%，配合比选取前文确定的最优配合比，试件尺寸为 100 mm×100 mm×100 mm，对充填体试件进行养护，分析不同养护龄期充填体强度的演化规律、试验结果见表 2-14、表 2-15 和图 2-11、图 2-12。

表 2-14 不同养护温度对应的单轴抗压强度

养护温度/℃	抗压强度平均值/MPa		
	3 d	7 d	28 d
20	0.46	1.32	3.38
30	0.58	1.51	3.62
40	0.72	1.78	4.01
50	0.88	2.12	4.36
60	0.95	2.56	4.77

表 2-15 不同养护温度对应的弹性模量

养护温度/℃	弹性模量平均值/MPa		
	3 d	7 d	28 d
20	48	231	468
30	65	305	512
40	78	386	551
50	89	452	631
60	97	511	715

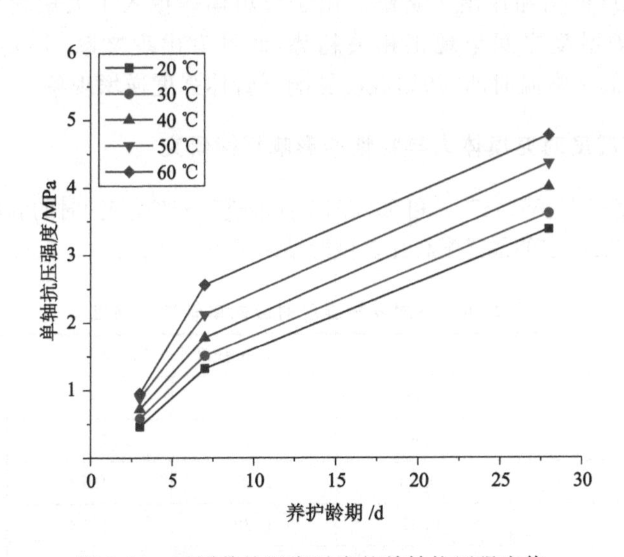

图 2-11 不同养护温度对应的单轴抗压强度值

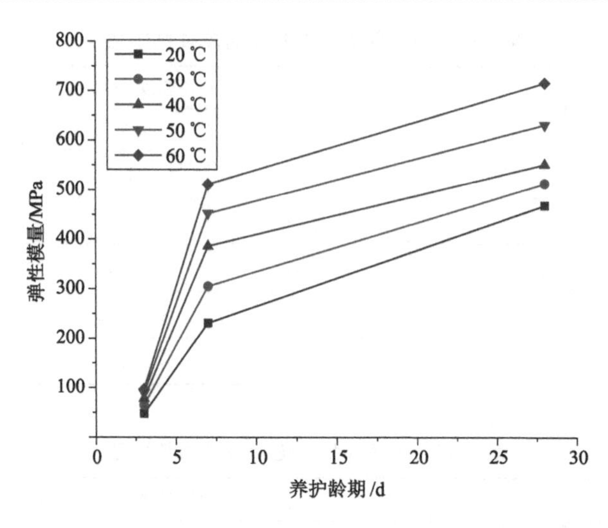

图 2-12　不同养护温度对应的弹性模量值

从图 2-11 和图 2-12 可以看出，随着养护温度的升高，充填体 3 d、7 d、28 d 的强度和弹性模量均有一定程度的增加，早期强度的增加主要是由于温度的升高加速了水泥的水化反应，化学反应生成物主要是水化硅酸钙（C—S—H）和氢氧化钙（C—H）[132]。后期强度的增加一方面是由于水泥水化反应的发生，另一方面是水泥水化产生的氢氧化钙与高温的共同作用使得粉煤灰的活性得以激发，对后期强度的增加作出了贡献。由于充填体内掺入了大量粉煤灰，因此后期强度与养护温度之间呈现正相关趋势，而没有出现文献[133]提出的超过 50 ℃后强度低于常温时的“初始温度影响下膏体强度逆增现象”。

2.3.2　养护湿度对充填体力学特性的影响规律研究

选取湿度 95%、85%、75%和 65%四个标准进行养护，养护时的温度选取 20 ℃，配合比选择前文确定的最优配合比。试验结果见表 2-16、表 2-17 和图 2-13、图 2-14。

表 2-16　不同养护湿度对应的单轴抗压强度

养护湿度/%	抗压强度平均值/MPa			
	3 d	7 d	14 d	28 d
95	0.45	1.31	1.95	3.51
85	0.43	1.21	1.72	3.12
75	0.42	1.29	1.63	2.75
65	0.40	1.33	1.52	2.56

表 2-17 不同养护湿度对应的弹性模量

养护湿度/%	弹性模量平均值/MPa			
	3 d	7 d	14 d	28 d
95	45	262	368	526
85	43	242	325	468
75	42	258	308	412
65	40	245	288	384

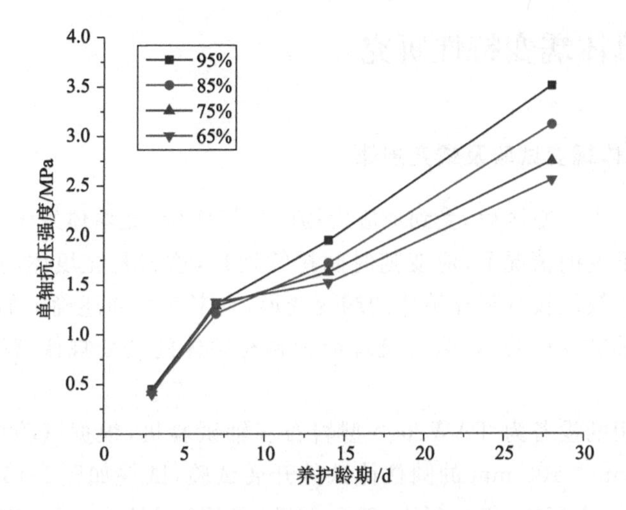

图 2-13 不同养护湿度对应的单轴抗压强度

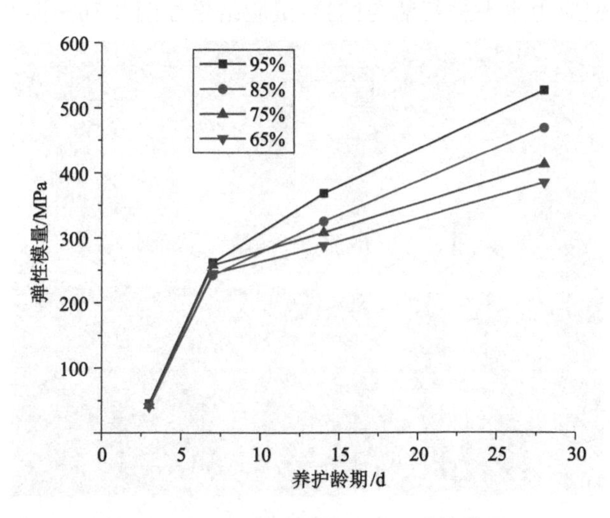

图 2-14 不同养护湿度对应的弹性模量

从图 2-13 和图 2-14 可以看出，养护湿度对充填体 3 d、7 d 的影响不大，这是由于充填体内充满大量水分，在早期反应过程中湿度对充填体强度和弹性模量的影响程度较小。而养护湿度对充填体 14 d 和 28 d 的强度和弹性模量影响非常大，呈正相关，养护 28 d 时湿度为 65％的强度仅为湿度为 95％的 73％。这是由于低湿度的充填体在养护龄期较长时内部水分不足，水泥的水化反应不充分，且干燥引起了内部收缩应力，收缩应力在充填体内部产生了一些微裂纹，从而造成充填体强度和弹性模量降低。

2.4 充填体蠕变特性研究

2.4.1 充填体蠕变试验及蠕变规律

充填体充入采空区后，受到地应力场的持续作用，充填体发生压缩变形，且在应力保持不变的情况下，应变随时间持续增长，这就是充填体的蠕变变形现象。为研究建筑垃圾骨料充填体的蠕变变形，本书针对前述确定的最优配合比试件开展三轴蠕变试验，获取建筑垃圾骨料充填体的蠕变规律，建立充填体蠕变本构模型。

试验采用的设备为 TAW2000 型岩石三轴试验机，根据试验机的要求，本书采用 ϕ50 mm×100 mm 的圆柱体试件开展试验，试件如图 2-15 所示。选择围压为 1 MPa、2 MPa 和 3 MPa 三个水平，采用 1 MPa、1.5 MPa、2 MPa 和 2.5 MPa四个偏应力水平进行蠕变试验，试验结果如图 2-16～图 2-18 所示。

图 2-15　圆柱体试件

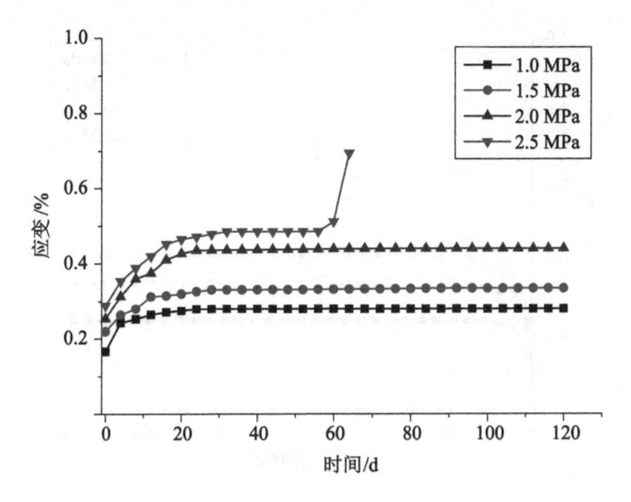

图 2-16 围压为 1 MPa 时的蠕变曲线

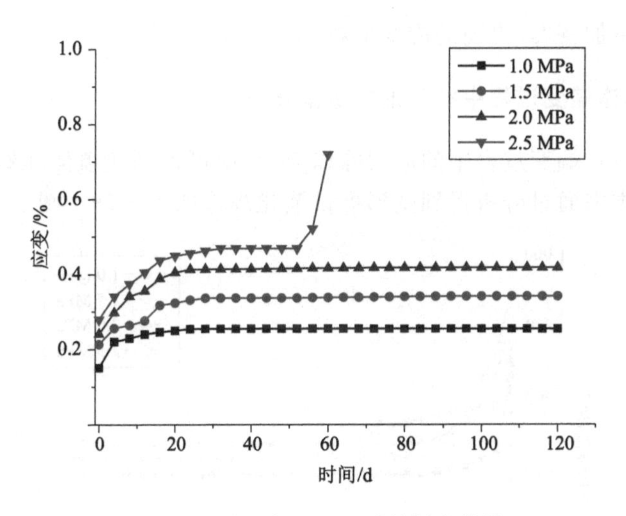

图 2-17 围压为 2 MPa 时的蠕变曲线

通过对充填体在不同应力水平作用下的蠕变试验可以看出，在偏应力为 1 MPa、1.5 MPa 和 2 MPa 的应力水平下，建筑垃圾骨料充填体试件呈现出衰减蠕变和稳态蠕变两个阶段，在偏应力为 2.5 MPa 的应力水平下，建筑垃圾骨料充填体试件呈现出衰减蠕变、稳态蠕变和加速蠕变 3 个阶段，且偏应力越大，出现加速蠕变的时间越早。

在不同的围压下，充填体呈现的规律比较相似，但围压越大，在相同的时间，充填体的蠕变变形值越小，且出现加速蠕变的时间越晚，这反映出围压的增

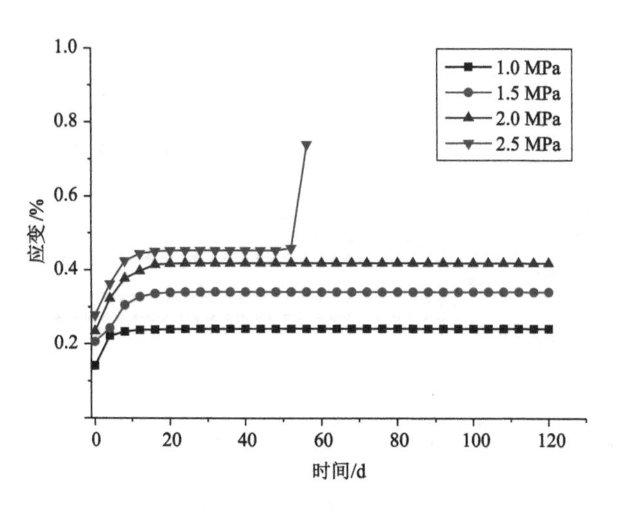

图 2-18 围压为 3 MPa 时的蠕变曲线

加使充填体更加密实，出现的应变值越小。

2.4.2 充填体蠕变过程中的变形模量演化分析

将充填体在蠕变过程中的应力除以应变，即可得到充填体在蠕变过程中的变形模量。本书通过分析得到变形模量演化规律如图 2-19～图 2-21 所示。

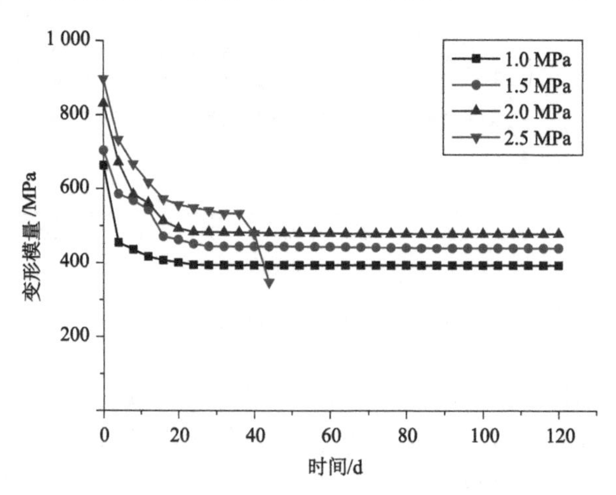

图 2-19 围压为 1 MPa 时的变形模量演化规律

从图 2-19～图 2-21 可以看出，在围压为 1 MPa 且偏应力值为 1 MPa 时，建筑垃圾骨料充填体刚刚加载的瞬时变形模量值与单轴压缩试验获得的弹性模

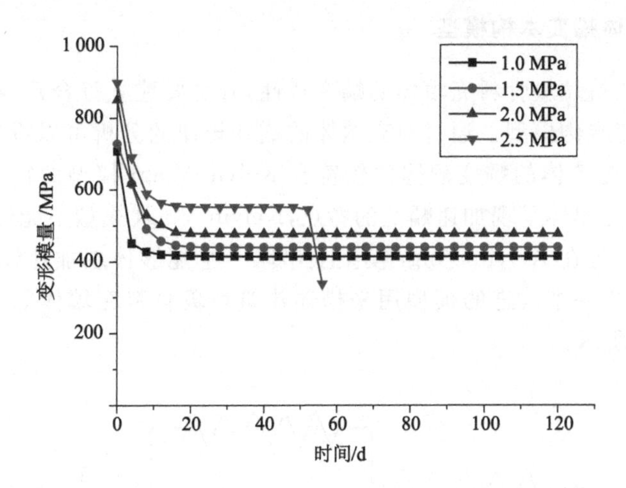

图 2-20　围压为 2 MPa 时的变形模量演化规律

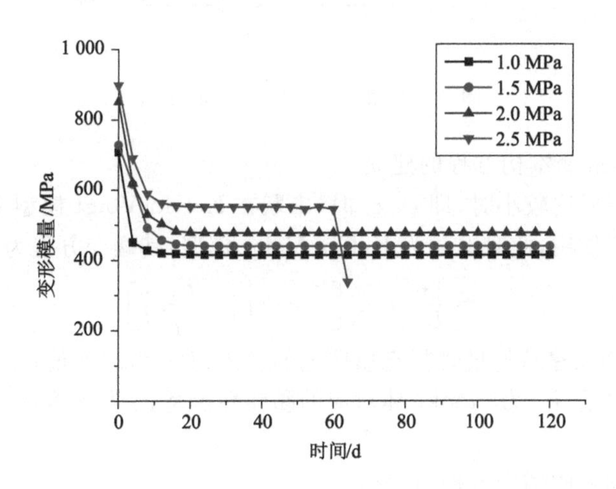

图 2-21　围压为 3 MPa 时的变形模量演化规律

量值比较接近，随着加载时间的增加，变形模量呈现衰减规律并逐渐趋于稳定。当偏应力增加时，充填体的变形模量也呈现增加趋势，随着加载时间的增加，变形模量降低。如果不出现加速蠕变，变形模量趋于稳定，如果出现加速蠕变，变形模量急剧降低，且由于该时刻偏应力值较大，充填体已经破坏。随着围压的增加，充填体的变形模量呈现增加趋势，这是由于围压增加限制了充填体的径向变形，使得充填体变得密实。

2.4.3 充填体蠕变本构模型

为反映建筑垃圾骨料充填体的蠕变特性，有必要建立符合建筑垃圾骨料蠕变特性的蠕变本构模型。通过对充填体的蠕变规律的分析可以看出，在较低的应力水平下，充填体的蠕变规律比较符合 Kelvin-Voigt 模型的特征；在较高的应力水平下，充填体呈现加速蠕变的特点，Kelvin-Voigt 模型不能体现出加速蠕变的特性。通过在 Kelvin-Voigt 模型上串联一个能够体现加速蠕变的非线性黏壶元件，建立一个改进的模型用来描述建筑垃圾骨料充填体的蠕变特性，模型如图 2-22 所示。

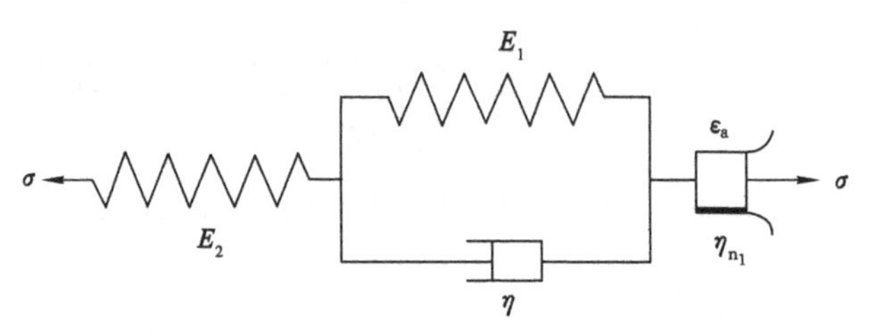

图 2-22 改进的 Kelvin-Voigt 模型

(1) 一维蠕变本构方程的建立

当蠕变变形比较小时，即 $\varepsilon<\varepsilon_a$ 时，串联在 Kelvin-Voigt 模型上的非线性黏壶元件不发挥作用，此时退化为 Kelvin-Voigt 模型，其蠕变方程为：

$$\varepsilon=\frac{\sigma}{E_2}+\frac{\sigma}{E_1}\left[1-\exp\left(-\frac{E_1}{\eta}t\right)\right] \tag{2-1}$$

式中，σ 为作用在建筑垃圾骨料充填体上的应力值；ε 为应变值；E_1 为 Kelvin 体对应的弹性模量；E_2 为 Hooke 体对应的黏弹性模量；η 为黏滞系数；t 为蠕变持续时间。

非线性黏壶的蠕变方程为[134]：

$$\varepsilon_n=\begin{cases}0, & \varepsilon<\varepsilon_a \\ \dfrac{\sigma}{2\eta_{n_1}}\tau^2, & \varepsilon\geqslant\varepsilon_a\end{cases} \tag{2-2}$$

式中，ε_n 为应变触发的非线性黏壶产生的应变值；ε_a 为应变触发的非线性黏壶的触发阈值；η_{n_1} 为应变触发的非线性黏壶的黏滞系数；τ 为超过加速蠕变时间后持续的时间。

当 $\varepsilon\geqslant\varepsilon_a$ 时，应变触发的非线性黏壶发挥作用，此时的蠕变方程为：

$$\varepsilon=\frac{\sigma}{E_2}+\frac{\sigma}{E_1}\left[1-\exp\left(-\frac{E_1}{\eta}t\right)\right]+\frac{\sigma}{2\eta_{n_1}}\tau^2 \tag{2-3}$$

(2) 三维蠕变本构方程的建立

当 $\varepsilon_{11}<\varepsilon_a$ 时，

$$e_{ij}=\frac{s_{ij}}{2G_2}+\frac{s_{ij}}{2G_1}\left[1-\exp\left(-\frac{G_1}{H}t\right)\right] \tag{2-4}$$

式中，ε_{11} 为第一主应变；G_1，G_2 分别为 Kelvin 体和 Hooke 体的剪切模量；H 为三维黏滞性系数；s_{ij} 为偏应力张量；e_{ij} 为偏应变张量。

非线性黏壶的三维蠕变方程为[134]：

$$\varepsilon_n=\begin{cases}0, & \varepsilon_{11}<\varepsilon_a\\ \dfrac{\tau^2}{4\eta_{n_1}}s_{ij}, & \varepsilon_{11}\geqslant\varepsilon_a\end{cases} \tag{2-5}$$

当 $\varepsilon_{11}\geqslant\varepsilon_a$ 时，

$$e_{ij}=\frac{s_{ij}}{2G_2}+\frac{s_{ij}}{2G_1}\left[1-\exp\left(-\frac{G_1}{H}t\right)\right]+\frac{s_{ij}}{4\eta_{n_1}}\tau^2 \tag{2-6}$$

(3) 蠕变参数的拟合

对试验数据按照式(2-4)和式(2-6)进行拟合，拟合获得相关的蠕变参数，将蠕变参数列于表 2-18 中。

表 2-18 蠕变参数

围压/MPa	偏应力/MPa	G_1/MPa	G_2/MPa	H/MPa·h	η_{n_1}/MPa·h	相关系数
1	1.0	452.99	296.07	2 182.71	—	0.991 6
	1.5	657.16	342.05	5 715.83	—	0.995 5
	2.0	526.46	400.02	4 858.16	—	0.996 2
	2.5	605.67	434.12	6 698.89	19 663.13	0.992 0
2	1.0	498.27	325.68	2 400.80	—	0.991 5
	1.5	575.92	355.35	6 708.11	—	0.985 1
	2.0	554.18	421.05	5 114.53	—	0.996 2
	2.5	636.54	450.97	6 663.96	20 251.26	0.997 8
3	1.0	503.80	353.10	1 285.80	—	0.999 0
	1.5	523.25	377.72	3 422.71	—	0.987 0
	2.0	536.63	429.03	2 990.24	—	0.998 9
	2.5	694.89	453.42	3 566.90	3 519.56	0.996 0

将理论计算值与试验数据进行对比分析，如图 2-23～图 2-25 所示。

从表 2-18、图 2-23～图 2-25 可以看出，本书建立的蠕变本构模型拟合的参数与试验数据有较高的相关系数，理论计算的蠕变曲线与试验曲线基本吻合，本书建立的改进 Kelvin-Voigt 模型能够较好地反映建筑垃圾骨料充填体的蠕变特性。且从蠕变参数可以看出，随着围压的增加，蠕变参数呈现增大的趋势，这反映出围压增加对充填体的压密效果；随着应力水平的提高，建筑垃圾骨料充填体的蠕变模量呈现增长趋势。

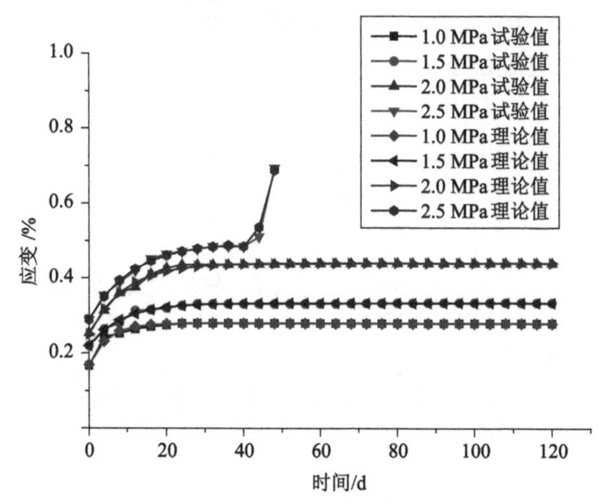

图 2-23 围压为 1 MPa 时的理论值与试验值对比

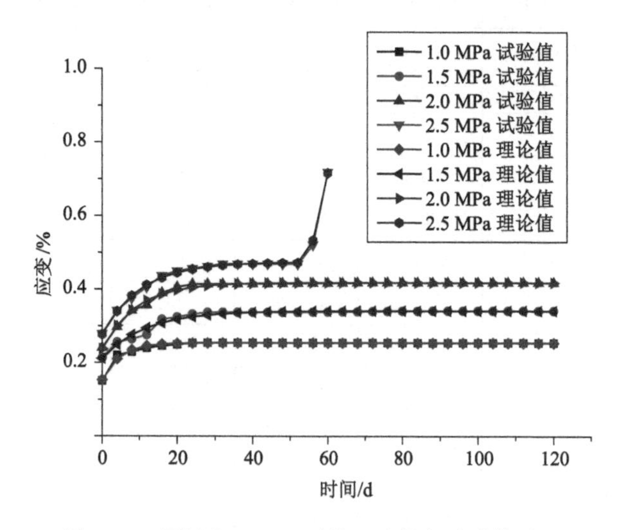

图 2-24 围压为 2 MPa 时的理论值与试验值对比

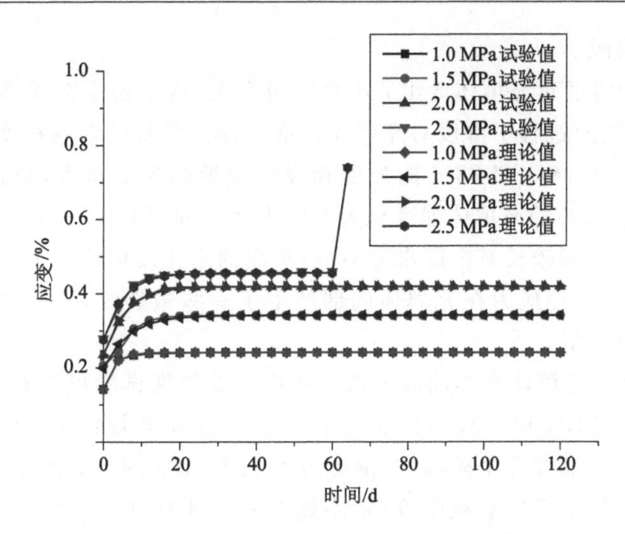

图 2-25 围压为 3 MPa 时的理论值与试验值对比

2.5 本章小结

(1) 本章开展了建筑垃圾骨料充填体的正交设计试验,测试了不同配合比条件下充填体的坍落度和单轴抗压强度,研究结果表明:对坍落度影响最为显著的因素是质量分数,对 3 d 强度和弹性模量影响显著的因素是水灰比和质量分数,对 28 d 强度和弹性模量影响显著的因素是水灰比和粉煤灰用量。根据矿山生产实践要求,综合考虑经济因素,确定最优配合比的质量分数为 83%、水灰比为 2.5、砂率为 65%、粉煤灰用量为 250 kg/m^3。

(2) 建筑垃圾骨料充填体试件尺寸效应研究结果表明,在相同的形状条件下,充填体试件的强度和弹性模量随尺寸的增大而减小,呈现出明显的尺寸效应,这与混凝土的尺寸效应基本一致,且 100 mm×100 mm×100 mm 的立方体试件强度与弹性模量大于 ϕ50 mm×100 mm 的圆柱体试件,这是由于试件的端部效应引起的,由于圆柱体试件的高径比比立方体试件的大,因此圆柱体试件中部出现了均匀的受力状态,受到端部效应影响较小,其单轴抗压强度相对立方体试件小。

(3) 随着养护温度的升高,充填体 3 d、7 d、28 d 的强度和弹性模量均有一定程度的增加,早期强度的增加主要是由于温度的升高加速了水泥的水化反应。后期强度的增加一方面是由于水泥水化反应的发生,另一方面是水泥水化产生的氢氧化钙与高温的共同作用使得粉煤灰的活性得以激发,对后期强度的增加作出了贡献。

(4) 养护湿度对充填体 3 d、7 d 的影响不大，这是由于充填体内充满大量水分，在早期反应过程中湿度对充填体强度和弹性模量的影响程度较小。而养护湿度对充填体 14 d 和 28 d 的强度和弹性模量影响非常大，呈正相关，养护 28 d时湿度为 65%的充填体强度仅为湿度为 95%的 73%。这是由于低湿度的充填体在养护龄期较长时内部水分不足，水泥的水化反应不充分，且干燥引起，内部收缩应力，收缩应力在充填体内部产生了一些微裂纹，从而造成充填体强度和弹性模量降低。

(5) 通过对充填体在不同应力水平作用下的蠕变试验可以看出，在偏应力为 1 MPa、1.5 MPa 和 2 MPa 的应力水平下，建筑垃圾骨料充填体试件呈现出衰减蠕变和稳态蠕变 2 个阶段，在偏应力为 2.5 MPa 的应力水平下，建筑垃圾骨料充填体试件呈现出衰减蠕变、稳态蠕变和加速蠕变 3 个阶段，且偏应力越大，出现加速蠕变的时间越早。在不同的围压下，充填体呈现的规律比较相似，但围压越大，在相同的时间，充填体的蠕变变形值越小，且出现加速蠕变的时间越晚，这反映出围压的增加使充填体更加密实，应变值越小。

(6) 在围压为 1 MPa 且偏应力值为 1 MPa 时，建筑垃圾骨料充填体刚刚加载的瞬时变形模量值与单轴压缩试验获得的弹性模量值比较接近，随着加载时间的增加，变形模量呈现衰减规律并逐渐趋于稳定。当偏应力增加时，充填体的变形模量也呈现增加趋势，随着加载时间的增加，变形模量降低。如果不出现加速蠕变，变形模量趋于稳定，如果出现加速蠕变，变形模量急剧降低，且由于该时刻偏应力值较大，充填体已经破坏。随着围压的增加，充填体的变形模量呈现增加趋势，这是由于围压增加限制了充填体的径向变形，使得充填体变得密实。

(7) 在 Kelvin-Voigt 模型上串联一个能够体现加速蠕变的应变触发的非线性黏壶元件，建立了一个改进的模型，该模型能够较好地反映建筑垃圾骨料充填体的蠕变特征。

3　建筑垃圾骨料充填体碳化深度研究

建筑垃圾骨料膏体充填材料由水泥、建筑垃圾骨料、天然砂、粉煤灰和水作为组成材料，其组成材料与混凝土基本相同，因此就本质上来说，建筑垃圾骨料充填体实际上是一种特殊的低强度混凝土，混凝土存在的耐久性问题对于充填体来说同样存在。

碳化作为影响混凝土耐久性的一种形式，其发生的机理是空气中的 CO_2 进入混凝土内部与碱性物质发生化学反应导致混凝土力学性质劣化，其化学反应方程式[135]为：

$$Ca(OH)_2+CO_2 \longrightarrow CaCO_3+H_2O$$

$$3CaO \cdot 2SiO_2 \cdot 3H_2O+3CO_2 \longrightarrow 3CaCO_3 \cdot 2SiO_2 \cdot 3H_2O$$

$$C_3S+3CO_2+\gamma H_2O \longrightarrow SiO_2 \cdot \gamma H_2O+3CaCO_3$$

$$C_2S+2CO_2+\gamma H_2O \longrightarrow SiO_2 \cdot \gamma H_2O+2CaCO_3$$

从上述化学反应方程式可以看出，混凝土碳化过程会导致内部碱性降低，加速混凝土强度的降低与开裂[136]。由于充填体制作成本的限制，充填体中的胶凝材料添加量较混凝土少，结构更加疏松，含有更多的孔结构，与混凝土相比，充填体的抗碳化能力更弱。在混凝土碳化研究领域，研究成果很多，但对充填体碳化的研究依然很少，山东理工大学兰文涛[53]开展了浆体膨胀充填材料、水泥尾砂胶结充填材料、胶固料尾砂胶结充填材料和普通混凝土的碳化性能的对比研究，填补了充填体碳化研究领域的空白，但对建筑垃圾骨料制备的膏体充填材料，尚未有学者对其进行研究，有必要进行深入探讨。

3.1 充填体碳化因素分析

3.1.1 材料因素

(1) 质量分数

质量分数是反应建筑垃圾骨料充填体固体质量占总质量百分比的参数，对充填体的物理力学参数有重要的影响。充填体的质量分数越大，充填体孔隙率越小，充填体越密实，CO_2 是从充填体内部的孔隙渗入充填体内部的，因此充填体的质量分数对充填体的耐碳化性能影响很大，但高质量分数可能导致膏体充填材料的坍落度降低，影响膏体充填材料的泵送性能。

(2) 水泥用量

充填体中使用的胶凝材料是水泥，水泥用量决定着充填体内可碳化物质的含量。当水泥的用量较大时，充填体内可以发生碳化化学反应的碱性成分相对较多，但水泥用量的增加又可以提高充填体的密实度，改善充填体的施工和易性，增强充填体的耐碳化能力，因此对充填体来说，水泥用量的增减对充填体耐碳化性能的影响尚不能准确确定。通过增加水泥用量来提高充填体的耐碳化能力，将极大提高充填成本，是不经济的，或是通过减少水泥用量来提高充填体的耐碳化能力，又将降低充填体的强度。因此，在实际操作中不考虑通过改变水泥用量来影响充填体的耐碳化性能。

(3) 骨料的种类

骨料的种类对其制成充填体内部的孔隙结构有着重要影响。岩浆岩和变质岩作为骨料的材料密实度较高，吸水率相对较小；浮石、火山渣等天然轻骨料的孔隙率较大，吸水率相对较大；人造轻骨料相对致密，孔隙率和吸水率相对较小[136]；煤矸石吸水性强，吸水率较大，其多孔的性质会导致用其作为骨料的充填体受到碳化的影响可能更大。这些不同种类骨料的不同特性都对充填体的碳化程度、碳化速率有着重要影响。同时，粗骨料的粒径也对充填体的碳化性能有影响，粗骨料较粗时，其在拌和及振捣过程中容易出现离析和沉淀现象，从而引起充填体内部不密实，使之更容易发生碳化现象。

3.1.2 环境因素

(1) CO_2 浓度

CO_2 会由高浓度环境向低浓度环境渗入，环境中的 CO_2 浓度越高，在充填体内外就会产生越大的 CO_2 浓度差，会加速 CO_2 的渗入，导致充填体内部的

CO_2 含量增加，推进充填体碳化反应进行。因此，充填体内部的 CO_2 浓度和环境中的 CO_2 浓度与充填体的碳化作用程度息息相关。

(2) 湿度

当充填体所在的环境比较潮湿时，充填体的含水率相对较高，CO_2 的渗透能力弱，不易发生碳化反应；当充填体所在的环境比较干燥时，充填体的含水率低，CO_2 的溶解量也会变少，与碱性材料的化学反应会受到限制，充填体的碳化速率也随之降低。

(3) 温度

充填体所在环境的温度对 CO_2 在充填体内部的渗透速度和碳化速率均有影响。当充填体所处的环境温度升高时，CO_2 渗入充填体的速度会加快，充填体的碳化速率提高，但同时，CO_2 和 $Ca(OH)_2$ 的溶解度会随温度的升高而降低，从而又在一定程度上抑制了充填体内碳化反应的进行，因此温度对充填体的碳化影响尚不能明确。

3.2 充填体碳化深度试验

3.2.1 试验装置

(1) 碳化箱：TH-B 型混凝土智能碳化试验箱。

(2) 试件切割机：DQ-1 型自动岩石切片机。

(3) 端面打磨设备：SHM-200 双端面磨石机。

(4) 干燥箱：101-2A 型电热鼓风恒温干燥箱。

(5) 万能试验机：WDW0300 型万能试验机。

3.2.2 试验材料

(1) 建筑垃圾：取自辽宁省阜新市中华路与保健街交叉口西北侧正在拆迁的旧小区，主要为混凝土碎块和砖块，将其破碎筛分后使用，破碎后最大粒径不超过 25 mm。

(2) 水泥：选用辽宁省阜新市大鹰水泥厂生产的鹰山牌 P·C 32.5 级复合硅酸盐水泥。

(3) 天然砂：为中砂。

(4) 粉煤灰：选用辽宁省阜新市鑫源粉煤灰公司提供的一级粉煤灰。

配合比：质量分数为 83%，水灰比为 2.5，砂率为 65%，粉煤灰用量为 250 kg/m^3。

3.2.3 试验步骤

根据《普通混凝土长期性能和耐久性能试验方法标准》(GB/T 50082—2009)[137],试验步骤如下:

(1) 建筑垃圾骨料充填体碳化试验的试件采用尺寸为100 mm×100 mm×300 mm棱柱体试件,每3块试件为一组,采用平行试验方式进行,养护的温度为(20±1) ℃,湿度大于95%,养护28 d后进行碳化试验。在开展充填体碳化试验前2 d取出,将充填体试件放置在60 ℃的烘干箱内2 d,除了进行碳化之外的面均采用石蜡进行密封,如图3-1所示。

图3-1 充填体试件

(2) 将充填体试件放置在混凝土碳化箱内,要求试件之间的距离不小于50 mm。

(3) 启动碳化箱,调节流量计,在标准碳化条件时,控制碳化箱内的CO_2的浓度在(20±3)%;湿度保持在(70±5)%,温度为(20±2) ℃。当研究不同CO_2浓度、不同湿度和不同温度对充填体碳化影响时,CO_2浓度取自然大气状态、5%、10%、15%和20%五种状态,湿度取50%、60%、70%、80%和90%五种状态,温度取20 ℃、30 ℃、40 ℃、50 ℃和60 ℃五种状态。

(4) 定期对碳化箱内的CO_2浓度、温度和湿度进行监测,在充填体碳化的前2 d每隔2 h进行一次测定,以后每隔4 h测一次,目的是保持温度、湿度和CO_2浓度在试验要求的范围内。

(5) 在建筑垃圾骨料充填体碳化1 d、3 d、7 d、14 d和28 d时,取出充填体试件破型测定碳化深度。把棱柱体试件从一端开始破型,每次切割的尺寸为宽度的一半,用加热的石蜡把新的断面进行密封,放入碳化箱继续碳化至下一个试验期。把切好所得的试件断面擦拭干净,然后喷上浓度为1%的酚酞酒精溶液,约30 s后,以10 mm间隔为测量点对每一个点的碳化深度进行测量。有粗骨料嵌在测量点处的碳化分界线时,对其两个端点为测点量取端点处的碳化深度值,计算平均值即可。测定的碳化深度值精确到0.5 mm。

用上述测量值计算碳化 1 d、3 d、7 d、14 d 和 28 d 的碳化深度值，按式(3-1)计算，即得到碳化深度。

$$\overline{d_t} = \frac{1}{n}\sum_{i=1}^{n} d_i \tag{3-1}$$

式中，d_t 为碳化 t 天后的平均碳化深度，mm，精确到 0.1 mm；d_i 为每个测量点的碳化深度，mm；n 为测量点的总数。

(6) 取碳化 1 d、3 d、7 d、14 d 和 28 d 的充填体试件进行单轴压缩试验，测试 1 d、3 d、7 d、14 d 和 28 d 的充填体试件的单轴抗压强度。

3.3 充填体碳化深度分析

3.3.1 标准试验条件下的碳化深度分析

根据《普通混凝土长期性能和耐久性能试验方法标准》(GB/T 50082—2009)，标准试验条件是指控制碳化箱内的 CO_2 的浓度在(20±3)%，湿度保持在(70±5)%，温度为(20±2) ℃。标准试验条件下的碳化深度如表 3-1 所列，碳化速率如表 3-2 所列，绘制碳化深度与碳化时间的关系如图 3-2 所示，碳化速率与碳化时间的关系如图 3-3 所示。

表 3-1 标准试验条件下的碳化深度

1 d 碳化深度/mm	3 d 碳化深度/mm	7 d 碳化深度/mm	14 d 碳化深度/mm	28 d 碳化深度/mm
3.27	8.63	16.36	27.56	35.88

表 3-2 标准试验条件下的碳化速率

1 d 碳化速率/(mm/d)	3 d 碳化速率/(mm/d)	7 d 碳化速率/(mm/d)	14 d 碳化速率/(mm/d)	28 d 碳化速率/(mm/d)
3.27	2.68	1.93	1.60	0.59

从表 3-1、表 3-2、图 3-2 和图 3-3 可以看出，随碳化时间的增加，碳化深度呈现增长趋势，但碳化速率随碳化时间增加而下降。从碳化深度数据可以看出，在同样的碳化条件和碳化时间下，建筑垃圾骨料充填体的碳化深度明显大于文献[136]混凝土的碳化深度，这是由于建筑垃圾骨料充填体的质量分数远低于混凝土的，因此充填体内部不如混凝土密实，CO_2 更容易深入充填体内部，因此建筑垃圾骨料充填体的耐碳化性能弱于混凝土的。与文献[53]中的浆体膨胀

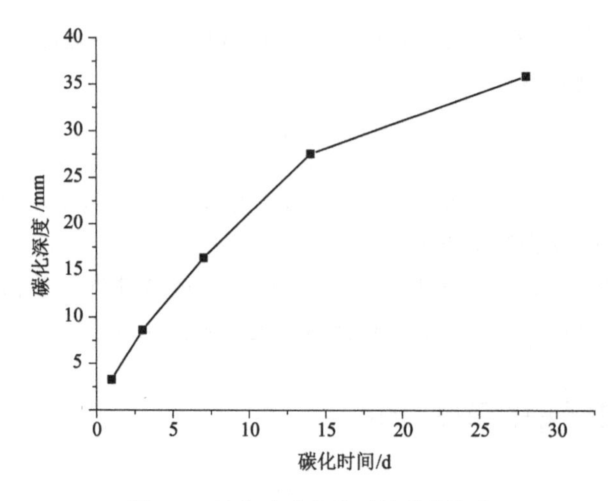

图 3-2　标准试验条件下的碳化深度

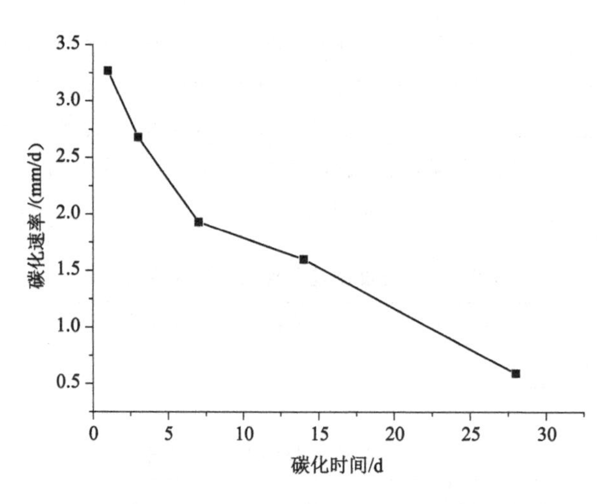

图 3-3　标准试验条件下的碳化速率

充填材料和水泥尾砂胶结充填材料相比，建筑垃圾骨料充填体的碳化深度明显小于浆体膨胀充填材料的，略小于水泥尾砂胶结充填材料的，这是由于建筑垃圾骨料充填体属于高浓度的膏体充填材料，其内部孔隙率较浆体膨胀充填材料和水泥尾砂胶结充填材料相对较小，更加密实，因此耐碳化性能优于浆体膨胀充填材料和水泥尾砂胶结充填材料。从碳化速率数据可以看出，碳化速率随碳化时间的增加而下降，特别是前 7 d 碳化速率较大且 7 d 时的碳化深度已经比较大，随着碳化时间的延长，碳化速率趋于平衡，这反映出建筑垃圾骨料充填体在前 7 d 就产生了较大程度的碳化。由于实验室环境采用的 CO_2 浓度高达

20%，远高于自然环境中的0.03%，根据《普通混凝土长期性能和耐久性能试验方法标准》(GB/T 50082—2009)，在实验室环境20%CO_2浓度中碳化7 d相当于在自然环境中碳化12.5年，这说明充填体在碳化12.5年时碳化程度已经比较严重。

3.3.2 CO_2浓度对充填体碳化深度的影响分析

将建筑垃圾骨料充填体碳化湿度保持在(70±5)%，温度为(20±2) ℃，CO_2浓度取自然大气状态、5%、10%、15%和20%五种状态，分别研究5种CO_2浓度条件下充填体的碳化深度和碳化速率。试验结果见表3-3和表3-4，试验曲线如图3-4和图3-5所示。

表3-3 不同CO_2浓度条件下的碳化深度

CO_2浓度	1 d碳化深度/mm	3 d碳化深度/mm	7 d碳化深度/mm	14 d碳化深度/mm	28 d碳化深度/mm
自然大气状态	0.02	0.04	0.07	0.12	0.16
5%	0.81	2.10	4.12	7.32	9.13
10%	1.53	3.92	7.86	13.86	19.21
15%	2.37	6.37	8.15	20.69	26.82
20%	3.27	8.63	16.36	27.56	35.88

表3-4 不同CO_2浓度条件下的碳化速率

CO_2浓度	1 d碳化速率/(mm/d)	3 d碳化速率/(mm/d)	7 d碳化速率/(mm/d)	14 d碳化速率/(mm/d)	28 d碳化速率/(mm/d)
自然大气状态	0.02	0.010	0.007 5	0.003 6	0.002 9
5%	0.81	0.645	0.505 0	0.457 1	0.129 3
10%	1.53	1.195	0.985 0	0.857 1	0.382 1
15%	2.37	2.000	1.445 0	1.214 3	0.438 8
20%	3.27	2.680	1.930 0	1.600 0	0.590 0

从表3-3、表3-4、图3-4和图3-5可以看出，在自然大气状态中，建筑垃圾骨料充填体的碳化非常缓慢，随着CO_2浓度的增加，建筑垃圾骨料充填体的碳化深度明显增加，碳化速率明显增大；相同浓度条件下，随碳化时间的增长，碳化深度不断加深，但碳化速率整体呈现下降趋势。

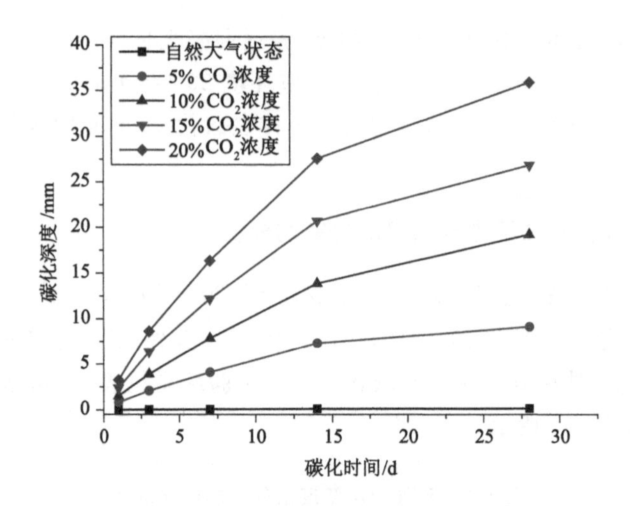

图 3-4　不同 CO_2 浓度条件下的碳化深度

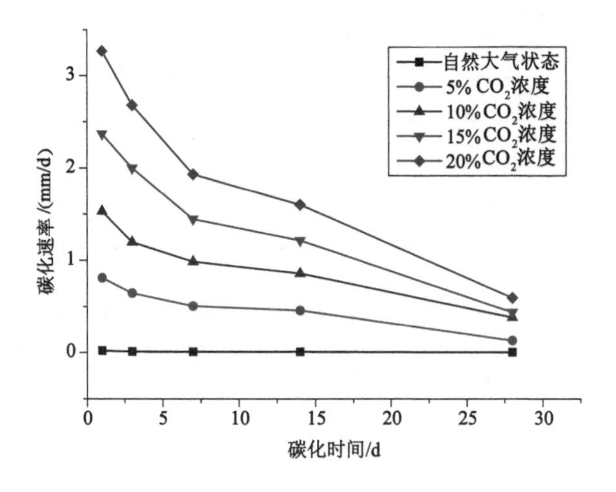

图 3-5　不同 CO_2 浓度条件下的碳化速率

3.3.3　碳化湿度对充填体碳化深度的影响分析

将建筑垃圾骨料充填体碳化温度保持在(20±2) ℃，CO_2 浓度保持在(20±3)%，相对湿度取 50%、60%、70%、80%和 90%五种状态，分别研究 5 种相对湿度条件下充填体的碳化深度和碳化速率。试验结果见表 3-5 和表 3-6，试验曲线如图 3-6 和图 3-7 所示。

表 3-5 不同湿度条件下的碳化深度

相对湿度/%	1 d 碳化深度/mm	3d 碳化深度/mm	7 d 碳化深度/mm	14 d 碳化深度/mm	28 d 碳化深度/mm
50	4.38	12.16	20.23	34.11	45.26
60	3.82	9.86	17.81	29.36	38.88
70	3.27	8.63	16.36	27.56	35.88
80	2.81	7.62	13.86	22.96	31.02
90	2.26	5.95	11.89	19.98	25.42

表 3-6 不同湿度条件下的碳化速率

相对湿度/%	1 d 碳化速率/(mm/d)	3 d 碳化速率/(mm/d)	7 d 碳化速率/(mm/d)	14 d 碳化速率/(mm/d)	28 d 碳化速率/(mm/d)
50	4.38	3.89	2.02	1.98	0.80
60	3.82	3.02	1.99	1.65	0.68
70	3.27	2.68	1.93	1.60	0.59
80	2.81	2.41	1.56	1.30	0.58
90	2.26	1.85	1.49	1.16	0.39

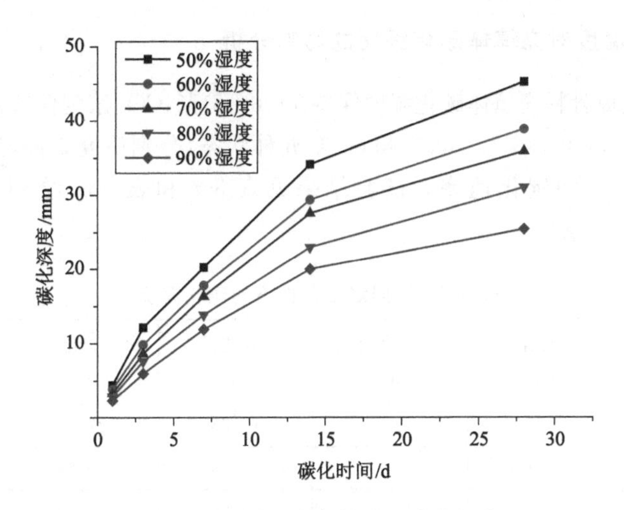

图 3-6 不同湿度条件下的碳化深度

从表 3-5、表 3-6、图 3-6 和图 3-7 可以看出，随着碳化湿度的增加，建筑垃圾骨料充填体的碳化深度和碳化速率均呈现下降趋势。这主要是由两方面原因

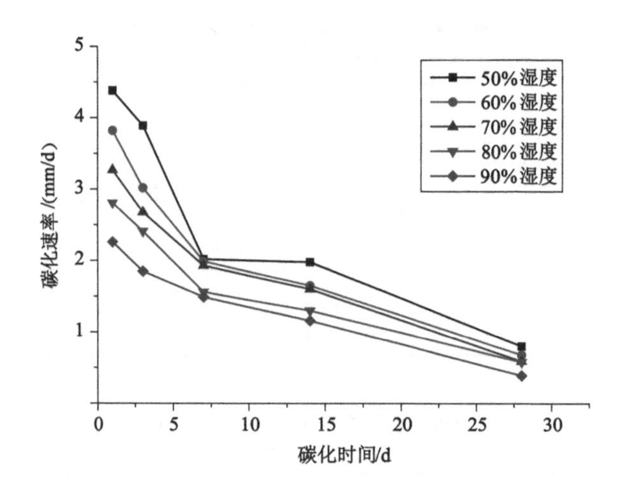

图 3-7　不同湿度条件下的碳化速率

导致的，一方面，由于建筑垃圾骨料充填体内的水化反应在 28 d 时仍未充分完成，在湿度较大时又继续发生了水化反应，强度仍在增大，特别是粉煤灰对 28 d 后的强度的增加作出较大贡献，这都导致充填体更加密实，因而碳化深度和碳化速率均下降；另一方面，湿度较大时，建筑垃圾骨料充填体内部的孔隙被水充满，CO_2 渗入充填体内的速度比较慢，因而导致了碳化深度和碳化速率的下降。

3.3.4　碳化温度对充填体碳化深度的影响分析

将建筑垃圾骨料充填体碳化湿度保持在(70±5)%，CO_2 浓度保持在(20±3)%，温度取 20 ℃、30 ℃、40 ℃、50 ℃和 60 ℃五种状态，分别研究 5 种温度条件下充填体的碳化深度和碳化速率。试验结果见表 3-7 和表 3-8，绘制试验曲线如图 3-8和图 3-9 所示。

表 3-7　不同温度条件下的碳化深度

温度/℃	1 d 碳化深度/mm	3 d 碳化深度/mm	7 d 碳化深度/mm	14 d 碳化深度/mm	28 d 碳化深度/mm
20	3.27	8.63	16.36	27.56	35.88
30	3.51	9.26	17.39	29.58	38.89
40	3.71	9.70	18.86	31.58	41.05
50	3.96	10.52	19.95	32.99	43.06
60	4.26	11.26	21.39	35.88	46.11

表 3-8　不同温度条件下的碳化速率

温度/℃	1 d 碳化速率/(mm/d)	3 d 碳化速率/(mm/d)	7 d 碳化速率/(mm/d)	14 d 碳化速率/(mm/d)	28 d 碳化速率/(mm/d)
20	3.27	2.68	1.93	1.60	0.59
30	3.51	2.88	2.03	1.74	0.67
40	3.71	3.00	2.29	1.82	0.68
50	3.96	3.28	2.36	1.86	0.72
60	4.26	3.50	2.53	2.07	0.73

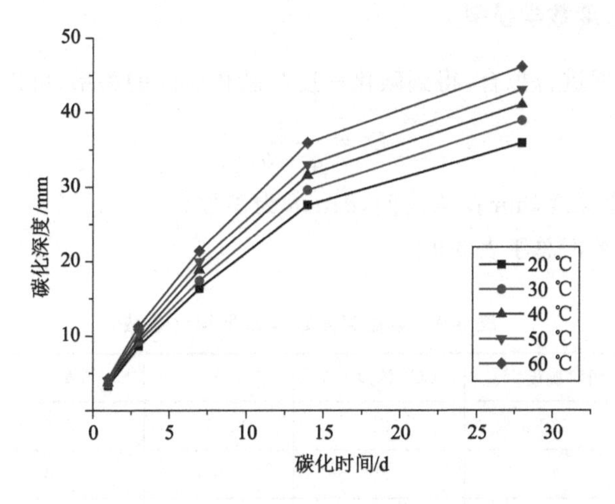

图 3-8　不同温度条件下的碳化深度

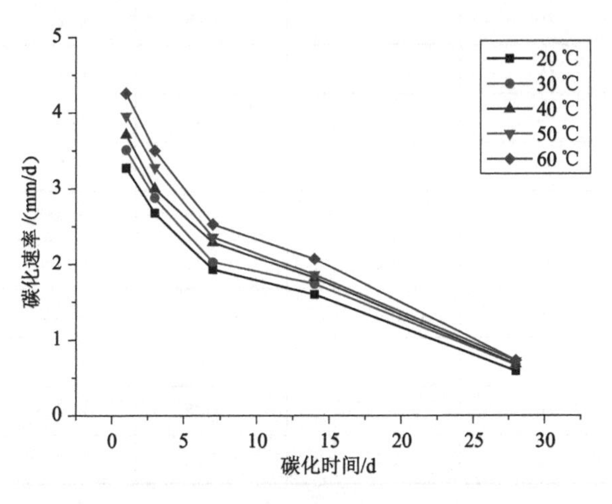

图 3-9　不同温度条件下的碳化速率

从表 3-7、表 3-8、图 3-8 和图 3-9 可以看出，随着碳化温度的提高，建筑垃圾骨料充填体的碳化深度和碳化速率均呈现增长趋势，这是由于当充填体所处的环境温度升高时，CO_2 渗入充填体的速度会加快，充填体的碳化速率提高，这种影响超过了 CO_2 和 $Ca(OH)_2$ 的溶解度随温度的升高而降低的影响，因此建筑垃圾骨料充填体的碳化深度和碳化速率与温度呈正相关。

3.4 充填体碳化数学模型

3.4.1 碳化深度数学模型

对试验数据进行拟合，得到碳化深度与碳化时间的关系，可以用下式描述：

$$D = \frac{1}{a + b/t} \tag{3-2}$$

式中，D 为碳化深度，mm；t 为时间，d；a，b 为参数。

将拟合参数汇总于表 3-9 中。

表 3-9 碳化深度数学模型拟合参数

温度/℃	相对湿度/%	CO_2 浓度/%	a	b	相关系数
20	70	20	0.017	0.288	0.998 6
30	70	20	0.016	0.273	0.998 6
40	70	20	0.015	0.251	0.998 6
50	70	20	0.015	0.236	0.999 0
60	70	20	0.014	0.218	0.998 4
20	50	20	0.140	0.226	0.998 4
20	60	20	0.016	0.262	0.999 2
20	80	20	0.019	0.347	0.999 4
20	90	20	0.025	0.395	0.997 9
20	70	自然大气状态	3.876	65.720	0.997 7
20	70	5	0.067	1.121	0.995 8
20	70	10	0.028	0.653	0.999 0
20	70	15	0.023	0.388	0.998 3

将试验数据与本书建立数学模型的理论计算值进行对比分析，获得不同CO_2浓度、不同湿度和不同温度条件下碳化深度的理论值与试验值对比，如图3-10～图3-12所示。

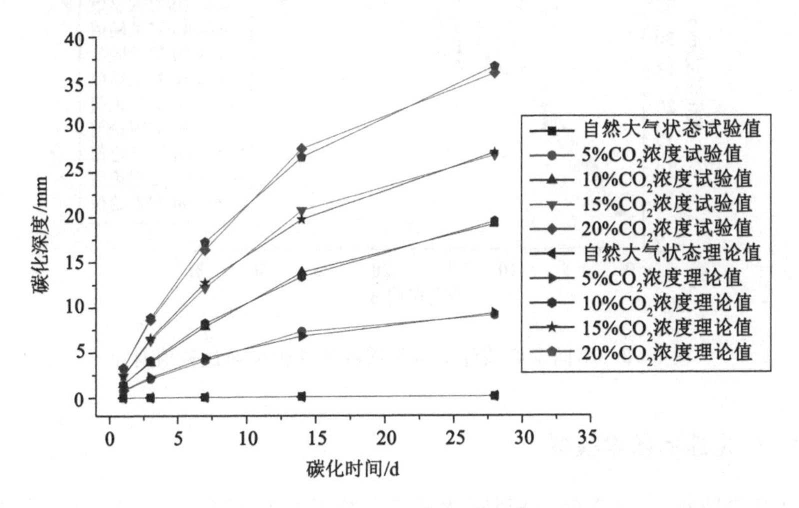

图3-10　不同CO_2浓度条件下碳化深度的理论理论值与试验值对比

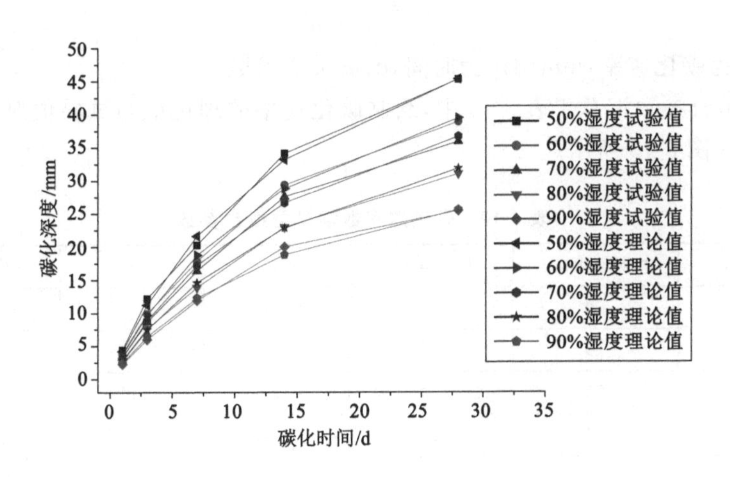

图3-11　不同湿度条件下碳化深度的理论值与试验值对比

从表3-9和图3-10～图3-12可以看出，本书建立的建筑垃圾骨料充填体碳化深度数学模型的理论计算值与试验数据基本吻合，能够反映建筑垃圾骨料充填体的碳化深度变化规律。

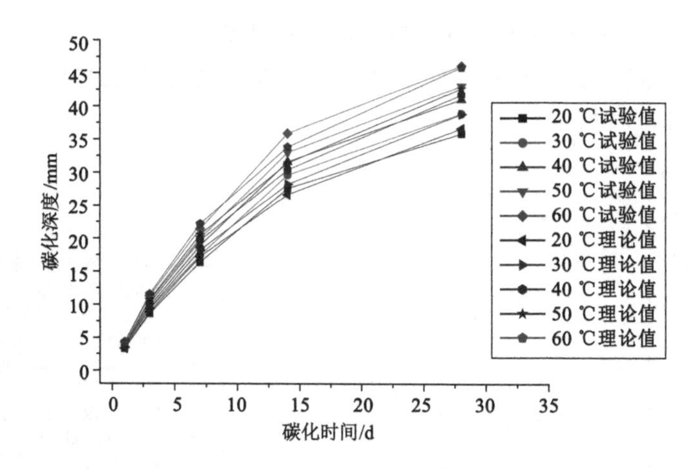

图 3-12　不同温度条件下碳化深度的理论值与试验值对比

3.4.2　碳化速率数学模型

对试验数据进行拟合，得到碳化速率与碳化时间的关系，可以用下式描述：

$$v=\frac{1}{m+nt} \tag{3-3}$$

式中，v 为碳化速率，mm/d；t 为时间，d；m，n 为参数。

将拟合参数汇总于表 3-10 中，绘制碳化速率的理论值与试验值对比图，如图 3-13～图 3-15 所示。

表 3-10　碳化速率数学模型拟合参数

温度/℃	相对湿度/%	CO_2 浓度	m	n	相关系数
20	70	20	0.215	0.042	0.983 0
30	70	20	0.255	0.031	0.985 3
40	70	20	0.242	0.028	0.986 4
50	70	20	0.223	0.028	0.990 0
60	70	20	0.208	0.026	0.985 8
20	50	20	0.192	0.030	0.970 9
20	60	20	0.228	0.035	0.991 2
20	80	20	0.311	0.040	0.990 0
20	90	20	0.399	0.043	0.980 2
20	70	自然大气状态	38.657	13.746	0.958 9

表 3-10(续)

温度/℃	相对湿度/%	CO_2 浓度	m	n	相关系数
20	70	5	0.873	0.156	0.959 6
20	70	10	0.451	0.079	0.955 8
20	70	15	0.287	0.056	0.981 2

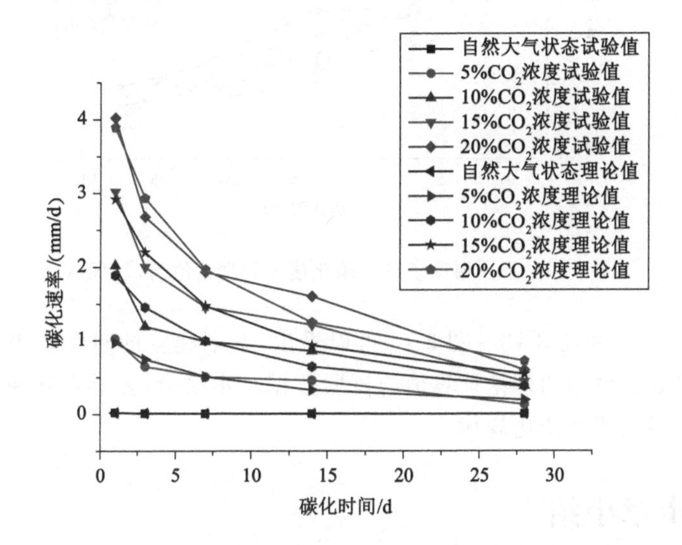

图 3-13　不同 CO_2 浓度条件下碳化速率的理论值与试验值对比

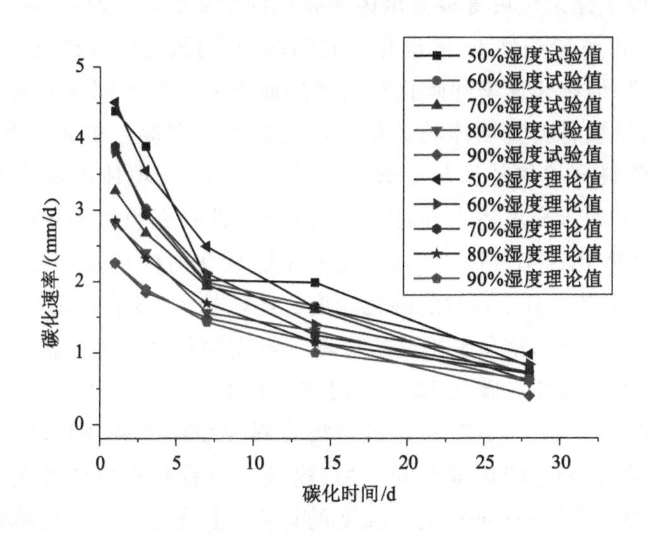

图 3-14　不同湿度条件下碳化速率的理论值与试验值对比

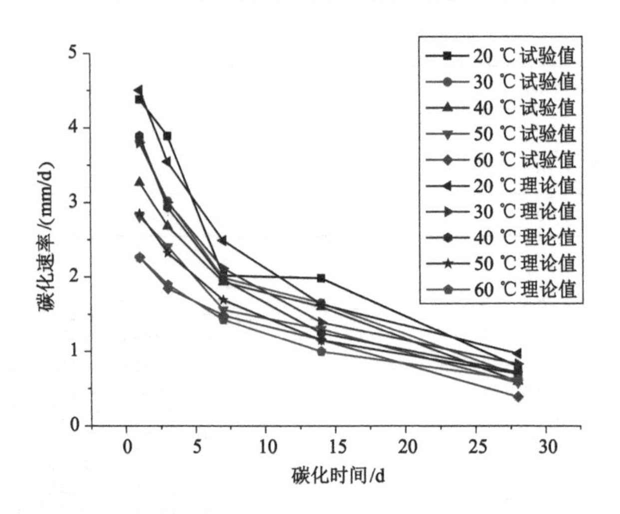

图 3-15　不同温度条件下碳化速率的理论值与试验值对比

从表 3-10 和图 3-13～图 3-15 可以看出，本书建立的建筑垃圾骨料充填体碳化速率数学模型的理论计算值与试验数据基本吻合，能够反映建筑垃圾骨料充填体的碳化速率变化规律。

3.5　本章小结

本章开展了建筑垃圾骨料充填体的碳化深度研究，主要研究成果如下：

(1) 在标准试验条件下，随碳化时间的增加，建筑垃圾骨料充填体碳化深度呈现增长趋势，但碳化速率随碳化时间增加而下降。对于同样的碳化条件和碳化时间，建筑垃圾骨料充填体的碳化深度明显大于混凝土的碳化深度，这是由于建筑垃圾骨料充填体的质量分数远低于混凝土，充填体内部不如混凝土密实，CO_2 更容易深入充填体内部，因此建筑垃圾骨料充填体的耐碳化性能弱于混凝土的。从碳化速率可以看出，碳化速率随碳化时间的增加而下降，特别是前 7 d 碳化速率较大且 7 d 时的碳化深度已经比较大，随着碳化时间的延长，碳化速率逐渐趋于平稳，这反映出建筑垃圾骨料充填体在前 7 d 就产生了较大程度的碳化，说明充填体在碳化 12.5 年时碳化程度已经比较严重。

(2) 随着 CO_2 浓度的增加，建筑垃圾骨料充填体的碳化深度明显增加，碳化速率明显增大；随着碳化湿度的增加，建筑垃圾骨料充填体的碳化深度和碳化速率均呈现下降趋势；随着碳化温度的提高，建筑垃圾骨料充填体的碳化深度和碳化速率均呈现增长趋势。

（3）本章构建了建筑垃圾骨料充填体的碳化深度、碳化速率的数学模型，该模型能够反映建筑垃圾骨料充填体的碳化规律。

4 碳化作用下充填体力学性能演化规律研究

4.1 标准试验条件下充填体强度演化规律

根据《普通混凝土长期性能和耐久性能试验方法标准》(GB/T 50082—2009),标准试验条件是指控制碳化箱内的 CO_2 的浓度在(20±3)%,湿度保持在(70±5)%,温度为(20±2) ℃。充填体配合比依然选取第 3 章获得的最优配合比,碳化试验采用尺寸为 100 mm×100 mm×300 mm 的棱柱体试件,通过单轴压缩试验测试其单轴抗压强度为 3.17 MPa,略低于 100 mm×100 mm×100 mm的立方体试件。通过单轴压缩试验获得碳化后的建筑垃圾骨料充填体强度如表 4-1 所列,单轴抗压强度与碳化时间的关系如图 4-1 所示。

表 4-1 标准碳化试验条件下的强度

0 d强度/MPa	1 d强度/MPa	3 d强度/MPa	7 d强度/MPa	14 d强度/MPa	28 d强度/MPa
3.17	2.76	2.52	2.56	2.62	2.63

从表 4-1 和图 4-1 可以看出,建筑垃圾骨料充填体的强度在碳化早期存在明显的下降趋势,3 d 以后呈现缓慢的上升趋势,这与文献[53]研究的水泥尾砂胶结充填体碳化后的强度演化规律存在相似性,分析其机理,充填体早期强度的降低是由于充填体的硅胶碳化,而 3 d 之后强度略微上升是由于充填体内的钙矾石碳化形成 $CaCO_3$,挤压硅胶产生向外的应力造成强度增加。

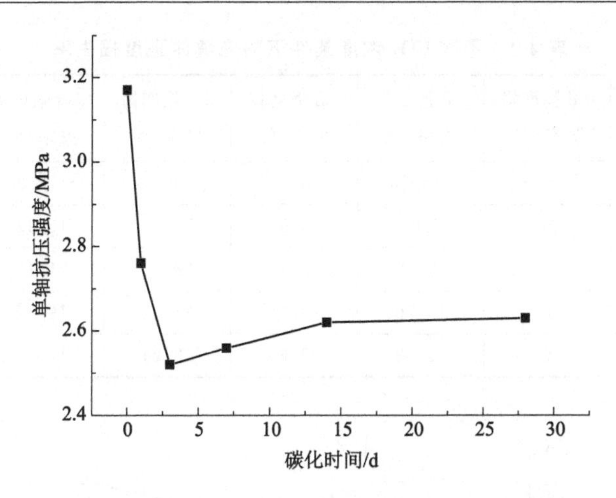

图 4-1　标准碳化试验条件下的单轴抗压强度

4.2　CO_2 浓度对充填体碳化后的强度影响分析

将建筑垃圾骨料充填体碳化湿度保持在(70±5)%，温度为(20±2) ℃，CO_2 浓度取自然大气状态、5%、10%、15%和 20%五种状态，分别研究 5 种 CO_2 浓度条件下充填体碳化后的强度演化规律。试验结果见表 4-2 和表 4-3，强度变化曲线如图 4-2 所示，强度损失率曲线如图 4-3 所示。

从表 4-2、表 4-3、图 4-2 和图 4-3 可以看出，在 0 d 时(此时未开始碳化)，充填体强度略有差异，尽管是同样的配合比，但不同试件的强度仍不完全相同。

表 4-2　不同 CO_2 浓度条件下的充填体强度

CO_2 浓度	0 d 强度 /MPa	1 d 强度 /MPa	3 d 强度 /MPa	7 d 强度 /MPa	14 d 强度 /MPa	28 d 强度 /MPa
自然大气状态	3.25	3.42	3.51	3.56	3.68	3.89
5%	3.19	2.98	2.87	2.66	2.65	2.61
10%	3.31	2.87	2.70	2.55	2.61	2.65
15%	3.27	2.82	2.55	2.57	2.63	2.66
20%	3.17	2.76	2.52	2.56	2.62	2.63

表 4-3　不同 CO_2 浓度条件下的充填体强度损失率

CO_2 浓度	0 d 强度损失率/%	1 d 强度损失率/%	3 d 强度损失率/%	7 d 强度损失率/%	14 d 强度损失率/%	28 d 强度损失率/%
自然大气状态	0	−5.23	−8.00	−9.54	−13.23	−19.69
5%	0	6.58	10.03	16.61	16.92	18.18
10%	0	13.29	18.43	22.96	21.15	19.94
15%	0	13.76	22.01	21.40	19.57	18.65
20%	0	12.93	20.50	19.24	17.35	17.03

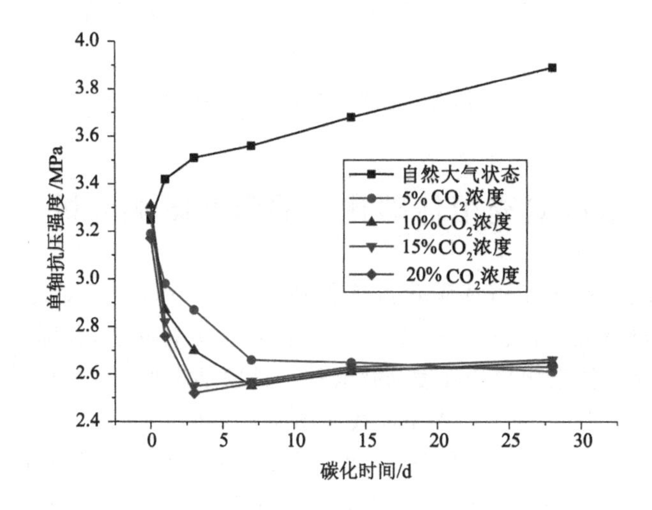

图 4-2　不同 CO_2 浓度条件下的充填体强度

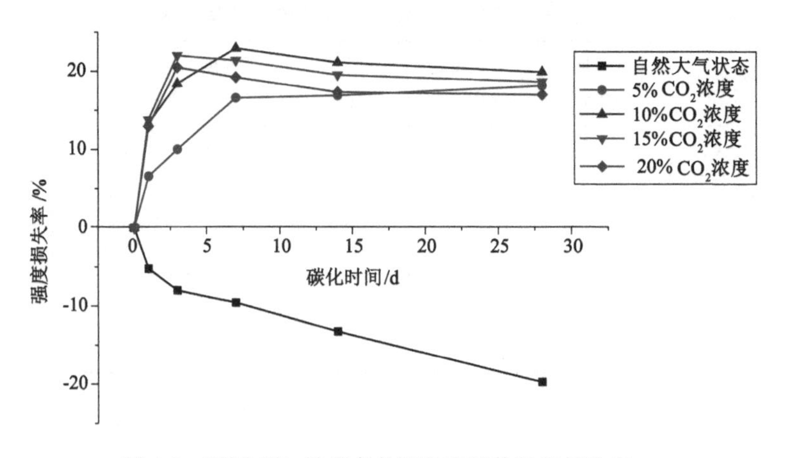

图 4-3　不同 CO_2 浓度条件下的充填体强度损失率

在自然大气状态下，建筑垃圾骨料充填体单轴抗压强度呈现增长趋势，这说明在自然大气状态下碳化对充填体强度的影响微弱；在 CO_2 浓度为 5%时，充填体强度一直呈现下降趋势，7 d 后下降速率明显减小并趋于稳定；在 CO_2 浓度为 10%时，充填体强度呈现先下降再小幅上升趋势，下降幅度明显增大，7 d 时强度达到最低点，之后略有上升并趋于稳定；在 CO_2 浓度分别为 15%和 20%时，充填体强度也呈现先下降再小幅上升趋势，3 d 时强度达到最低点，之后略有上升并趋于稳定。总体而言，充填体前期强度的下降速率随着 CO_2 浓度的增大而增快，7 d 后下降速率逐渐减缓并最终趋于稳定。

当 CO_2 浓度超过 5%时，充填体碳化速率稳定后的强度基本相等，与 CO_2 浓度关系不明显，但 CO_2 浓度越大，强度损失越快，稳定时强度约为未碳化时的 80%，反映出建筑垃圾骨料充填体碳化后强度下降，但残余强度依然较大。这一现象与碳化深度随碳化时间的变化存在明显差异，分析其机理，碳化后强度下降是由于建筑垃圾骨料充填体碳化到一定深度时，在充填体试件内部会形成一定的弱面，造成充填体强度明显降低；继续碳化后对充填体强度影响变小，是由于弱面已经形成，碳化深度继续增加对弱面影响不大，因此其强度在早期碳化时已经弱化完成，后期影响较小。

4.3　碳化湿度对充填体碳化后的强度影响分析

将建筑垃圾骨料充填体碳化温度保持在为(20±2) ℃，CO_2 浓度保持在 20%，相对湿度取 50%、60%、70%、80%和 90%五种状态，分别研究 5 种相对湿度条件下建筑垃圾骨料充填体碳化后的强度演化规律。试验结果见表 4-4 和表 4-5，试验曲线如图 4-4 和图 4-5 所示。

表 4-4　不同湿度条件下的充填体强度

相对湿度 /%	0 d 强度 /MPa	1 d 强度 /MPa	3 d 强度 /MPa	7 d 强度 /MPa	14 d 强度 /MPa	28 d 强度 /MPa
50	3.28	2.82	2.50	2.53	2.55	2.55
60	3.15	2.73	2.51	2.55	2.57	2.58
70	3.17	2.76	2.52	2.56	2.62	2.63
80	3.22	2.86	2.61	2.63	2.66	2.68
90	3.18	2.85	2.62	2.64	2.65	2.66

表 4-5 不同湿度条件下的充填体强度损失率

相对湿度/%	0 d 强度损失率/%	1 d 强度损失率/%	3 d 强度损失率/%	7 d 强度损失率/%	14 d 强度损失率/%	28 d 强度损失率/%
50	0	14.02	23.78	22.87	22.26	22.26
60	0	13.33	20.32	19.05	18.41	18.10
70	0	12.93	20.50	19.24	17.35	17.03
80	0	11.18	18.94	18.32	17.39	16.77
90	0	10.38	17.61	16.98	16.67	16.67

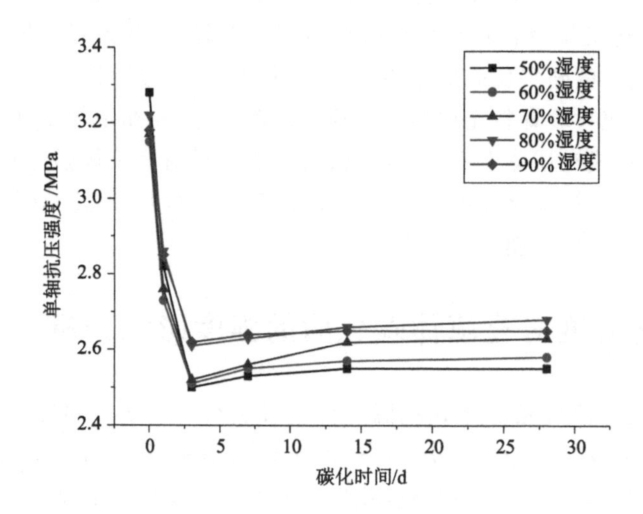

图 4-4 不同湿度条件下的充填体强度

将表 4-4、表 4-5、图 4-4、图 4-5 与表 4-2、表 4-3、图 4-2、图 4-3 对比可以看出，碳化湿度对充填体碳化后的强度的影响较小。在 5 种湿度状态下、CO_2 浓度为 20%的情况下，建筑垃圾骨料充填体的强度在碳化 3 d 后就达到最低点，后续略有上升但上升幅度很小，这说明充填体碳化后强度的变化主要在前 3 d 内完成。湿度对建筑垃圾骨料充填体的强度损失影响较小，随着湿度的升高，充填体强度损失率呈现减小的趋势，但这一趋势的影响表现得较为微弱，分析其机理，这是由于湿度升高后充填体内部的孔隙被水充满而降低了 CO_2 的渗透速度。

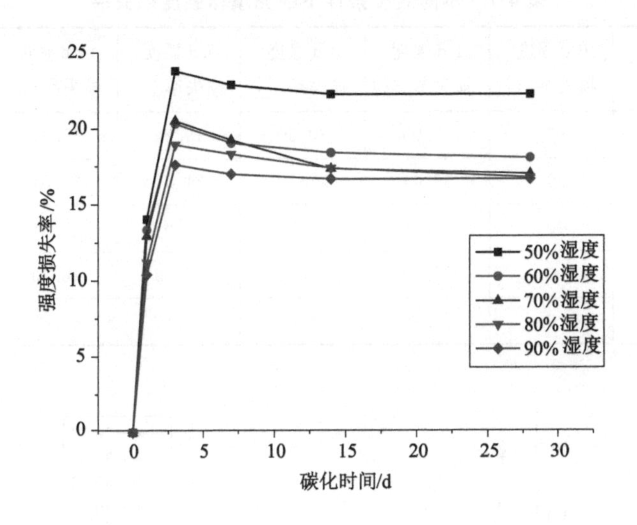

图 4-5 不同湿度条件下的充填体强度损失率

4.4 碳化温度对充填体碳化后的强度影响分析

将建筑垃圾骨料充填体碳化湿度保持在(70±5)%，CO_2 浓度保持在(20±3)%，温度取 20 ℃、30 ℃、40 ℃、50 ℃和 60 ℃五种状态，分别研究 5 种温度条件下建筑垃圾骨料充填体碳化后的强度演化规律。试验结果见表 4-6 和表 4-7，试验曲线如图 4-6 和图 4-7 所示。

表 4-6 不同温度条件下的充填体强度

温度/℃	0 d 强度/MPa	1 d 强度/MPa	3 d 强度/MPa	7 d 强度/MPa	14 d 强度/MPa	28 d 强度/MPa
20	3.17	2.76	2.52	2.56	2.62	2.63
30	3.20	2.77	2.48	2.52	2.55	2.56
40	3.09	2.65	2.37	2.39	2.41	2.42
50	3.15	2.52	2.53	2.55	2.56	2.56
60	3.12	2.42	2.45	2.47	2.47	2.48

表 4-7　不同温度条件下的充填体强度损失率

温度/℃	0 d强度损失率/%	1 d强度损失率/%	3 d强度损失率/%	7 d强度损失率/%	14 d强度损失率/%	28 d强度损失率/%
20	0	12.93	20.50	19.24	17.35	17.03
30	0	13.44	22.50	21.25	20.31	20.00
40	0	14.24	23.30	22.65	22.01	21.68
50	0	20.00	19.68	19.05	18.73	18.73
60	0	22.44	21.47	20.83	20.83	20.51

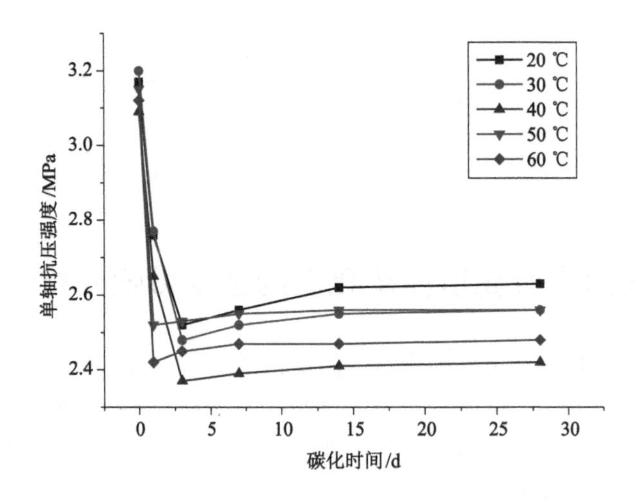

图 4-6　不同温度条件下的充填体强度

从表 4-6、表 4-7、图 4-6 和图 4-7 可以看出，不同的温度对碳化后期充填体强度影响不大，且对强度值的影响没有明显的规律性，但温度对强度损失的速率有着比较明显的影响，即温度越高，强度损失越快。温度达到 50 ℃以后，1 d 即达到强度最小值，因此温度对建筑垃圾骨料充填体强度的影响主要体现在强度损失速率方面，分析其机理，温度的升高对充填体的影响在于加快了 CO_2 的渗透速率，造成充填体碳化加速，强度损失加快，达到一定程度后强度达到最低点；但高温在一定程度上又激发了建筑垃圾骨料充填体内部粉煤灰的活性，对强度的增强又产生了一定的作用，因此温度对充填体碳化后的强度影响较小，仅对充填体碳化后的强度损失速率有影响。

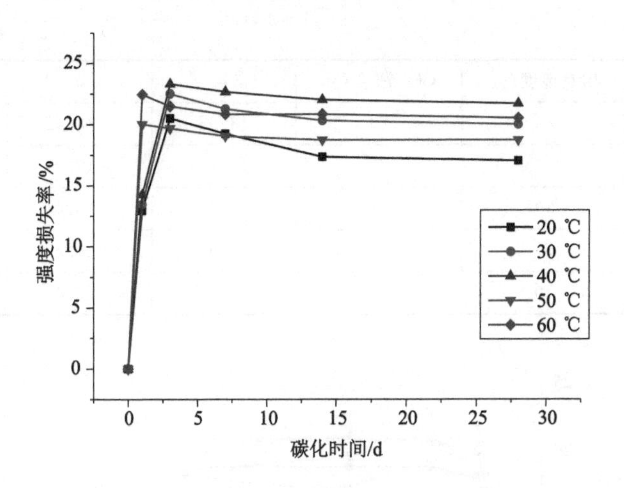

图 4-7 不同温度条件下的充填体强度损失率

4.5 充填体碳化后强度损失率数学模型

剔除 CO_2 浓度自然大气状态碳化的试验数据(此时充填体强度仍然继续增加,因此这里不予考虑),对其他试验数据进行拟合,得到充填体强度损失率与碳化时间的关系,用下式描述:

$$\gamma = p + q\mathrm{e}^{-t} \tag{4-1}$$

式中,γ 为强度损失率,%;t 为时间,d;p,q 为参数。

将拟合参数汇总于表 4-8 中,绘制强度损失率的理论计算值与试验数据对比图,如图 4-8~图 4-10 所示。

表 4-8 强度损失率数学模型拟合参数

温度/℃	相对湿度/%	CO_2 浓度/%	p	q	相关系数
20	70	20	18.87	−18.43	0.976 5
30	70	20	21.25	−21.15	0.989 4
40	70	20	22.66	−22.61	0.994 5
50	70	20	20.27	−17.93	0.912 6
60	70	20	22.32	−19.61	0.904 3
20	50	20	22.98	−23.06	0.994 1
20	60	20	19.33	−18.89	0.987 6

表 4-8(续)

温度/℃	相对湿度/%	CO_2 浓度/%	p	q	相关系数
20	80	20	18.03	−18.02	0.989 8
20	90	20	17.12	−17.20	0.995 0
20	70	5	15.26	−16.48	0.917 5
20	70	10	20.92	−20.95	0.989 7
20	70	15	20.73	−20.41	0.982 8

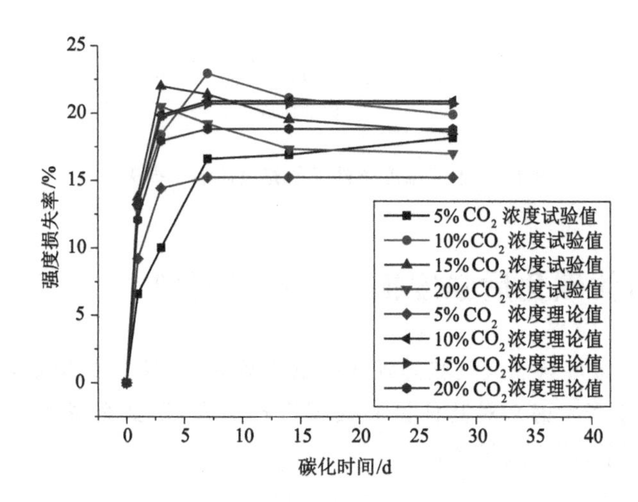

图 4-8 不同 CO_2 浓度条件下充填体强度损失率的理论值与试验值对比

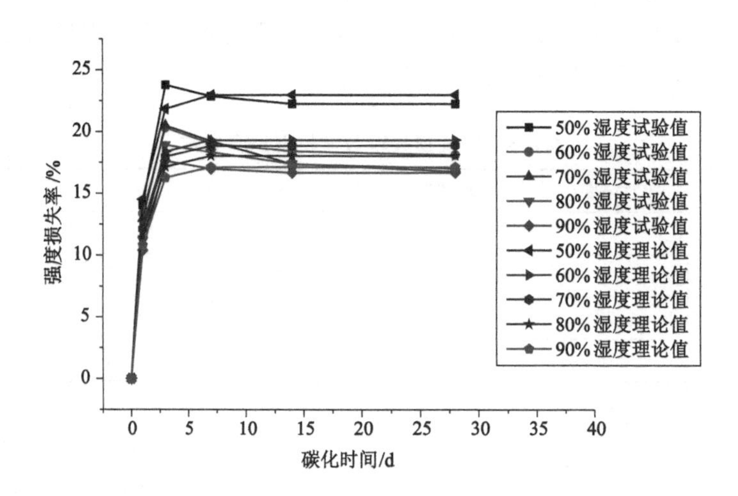

图 4-9 不同湿度条件下充填体强度损失率的理论值与试验值对比

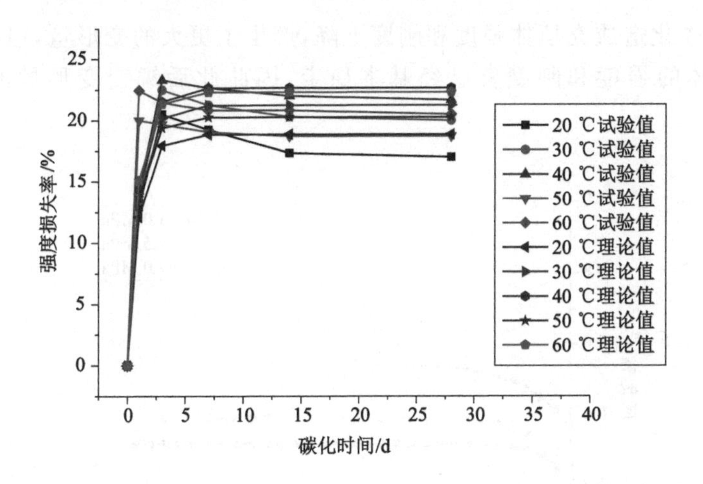

图 4-10　不同温度条件下充填体强度损失率的理论值与试验值对比

从表 4-8 和图 4-8～图 4-10 可以看出,本书建立的建筑垃圾骨料充填体强度损失率数学模型的理论计算值与试验数据基本吻合,能够反映建筑垃圾骨料充填体碳化后的强度损失规律。

4.6　充填体碳化后蠕变特性研究

4.6.1　充填体碳化后蠕变规律

在标准试验条件下,即控制碳化箱内的 CO_2 的浓度在(20±3)%,湿度保持在(70±5)%,温度为(20±2) ℃,将碳化 1 d、3 d、7 d、14 d 和 28 d 的充填体分别进行不同应力水平的蠕变试验。由于试件为 100 mm×100 mm×300 mm 棱柱体,无法放入 TAW2000 岩石三轴试验机中进行三轴蠕变试验,因此采用 WDW300 型万能试验机进行单轴蠕变试验。

试验获得的蠕变曲线如图 4-11～图 4-15 所示。

从碳化后的充填体蠕变曲线可以看出,与第 3 章研究的未碳化充填体相比,在相同的加载时间内,碳化后的充填体蠕变变形量明显高于未碳化充填体的,且出现加速蠕变的时间更短,加速蠕变持续的时间更短,加速蠕变后试件很快被破坏,在 2 MPa 的应力水平下就出现了加速蠕变,这反映出建筑垃圾骨料充填体在碳化后强度的劣化性质。碳化 1 d 和碳化 3 d 的数据对比显示,充填体的蠕变变形量呈增大趋势,但碳化时间延长后这种变形增量变得不明显;碳化 7 d、14 d 和 28 d 试件的蠕变变形量没有太大差异,分析其机理,这是由于碳化造成充填体强度和刚度下降，产生了更大的变形量，但在碳化 3 d 后充填体的强度和刚度就已经基本稳定，因此此后蠕变变形量没有明显变化。

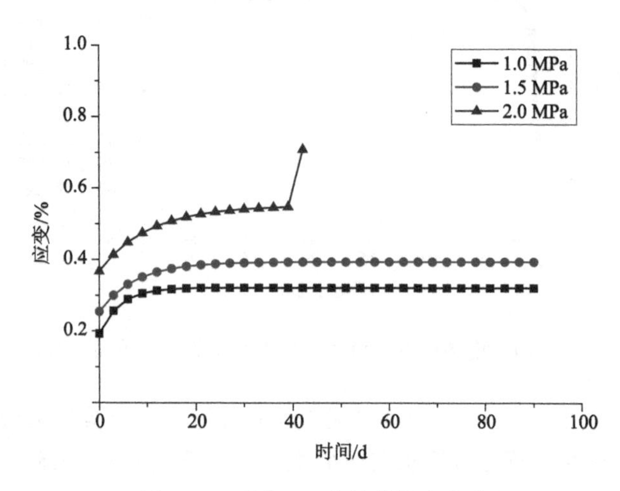

图 4-11　碳化 1 d 充填体蠕变曲线

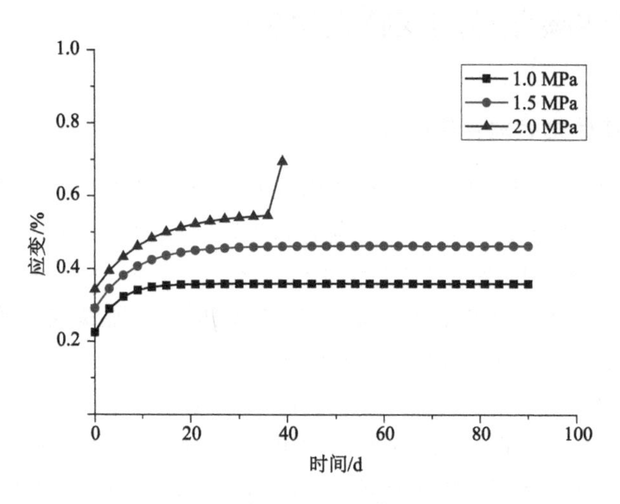

图 4-12　碳化 3 d 充填体蠕变曲线

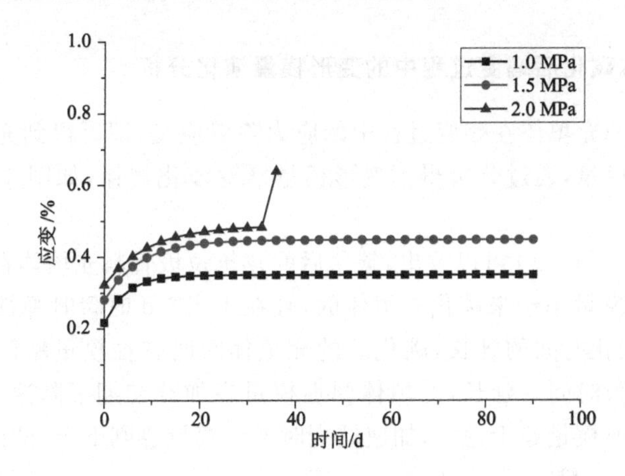

图 4-13 碳化 7 d 充填体蠕变曲线

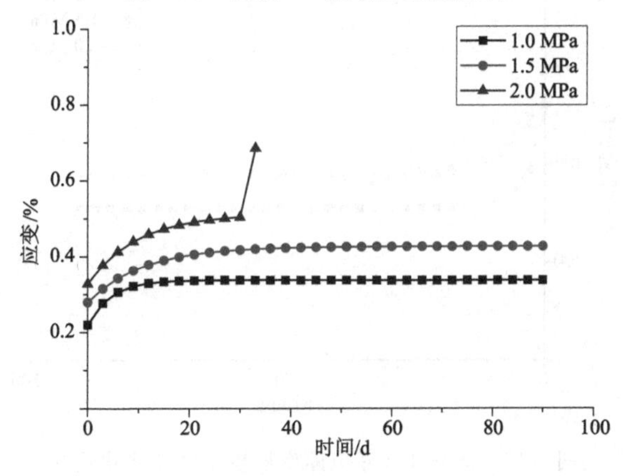

图 4-14 碳化 14 d 充填体蠕变曲线

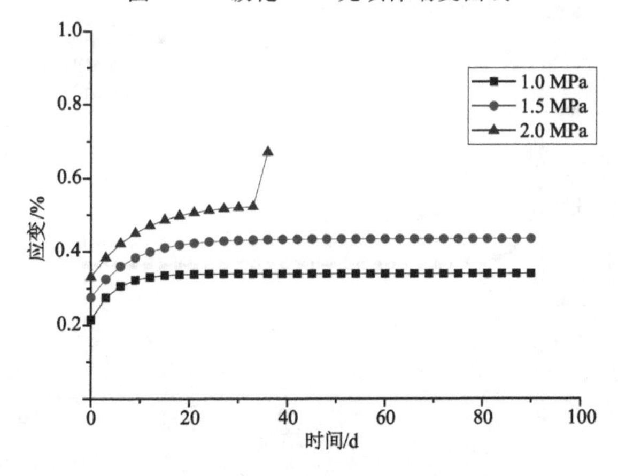

图 4-15 碳化 28 d 充填体蠕变曲线

4.6.2 充填体碳化后蠕变过程中的变形模量演化分析

将碳化后的充填体在蠕变过程中的应力除以应变，即可得到充填体在蠕变过程中的变形模量，通过分析得到变形模量蠕变演化规律，如图 4-16～图 4-20 所示。

从图 4-16～图 4-20 可以看出，碳化后的建筑垃圾骨料充填体在初始加载瞬间的瞬时弹性模量小于未碳化充填体的，且在 1 d、3 d 时瞬时弹性模量下降速度很快，随着碳化时间的延长，碳化后的充填体瞬时弹性模量略微上升并趋于稳定。随着加载时间的延长，充填体弹性模量在加载初期下降速度较快，在未加速蠕变时变形模量趋于稳定，加速蠕变时变形模量急剧下降，试件破坏。

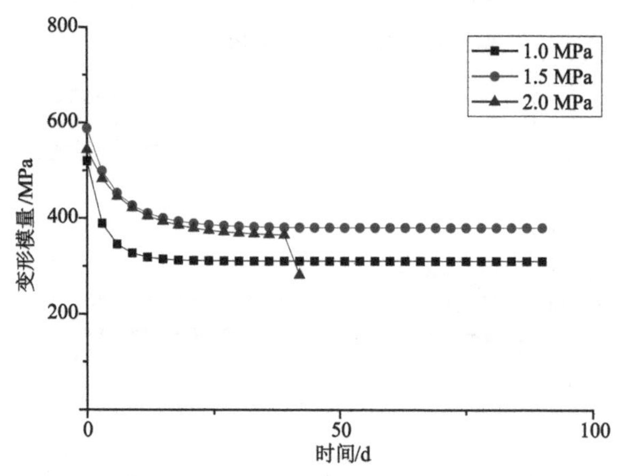

图 4-16　碳化 1 d 充填体变形模量蠕变演化规律

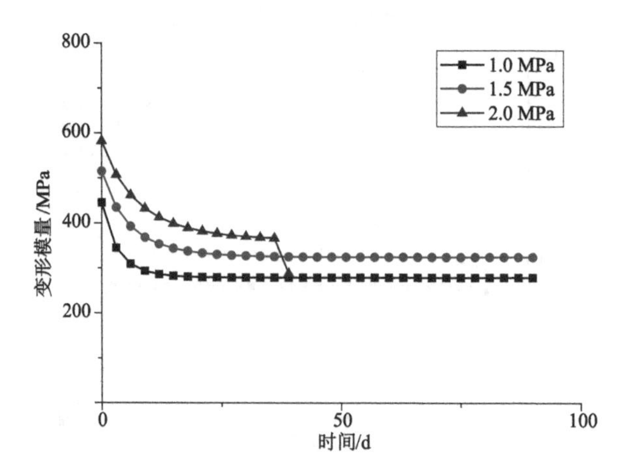

图 4-17　碳化 3 d 充填体变形模量蠕变演化规律

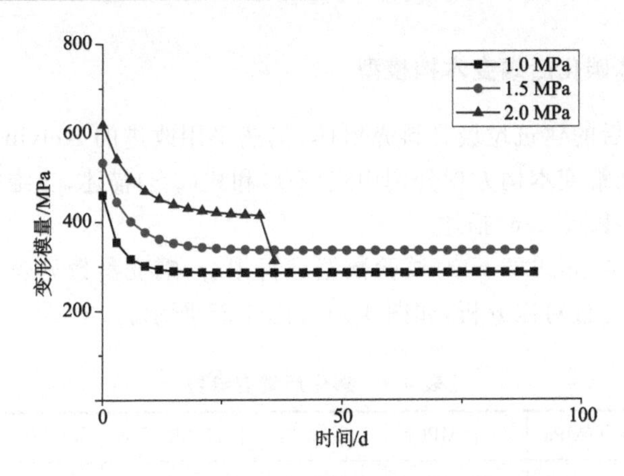

图 4-18　碳化 7 d 充填体变形模量蠕变演化规律

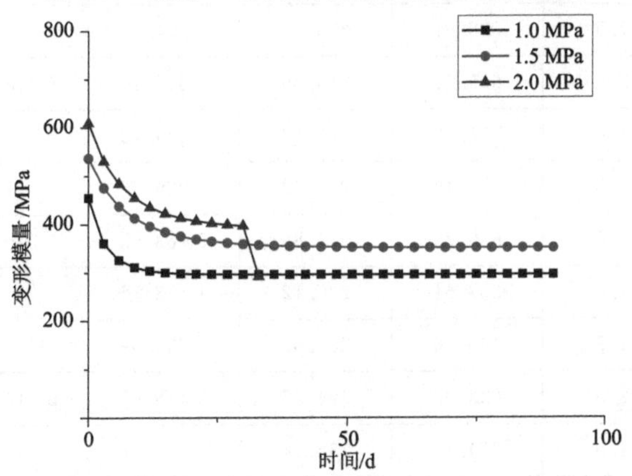

图 4-19　碳化 14 d 充填体变形模量蠕变演化规律

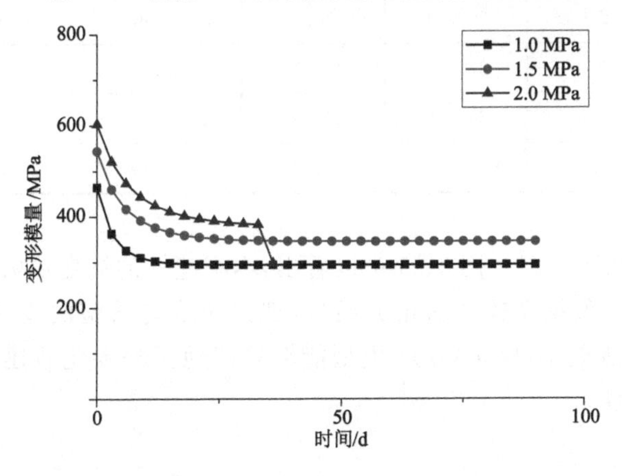

图 4-20　碳化 28 d 充填体变形模量蠕变演化规律

4.6.3 充填体碳化后蠕变本构模型

对于碳化后的建筑垃圾骨料充填体，仍然采用改进的 Kelvin-Voigt 模型进行描述，其一维蠕变本构方程分别用式(2-1)和式(2-3)描述，三维蠕变本构方程分别用式(2-4)和式(2-6)描述。

按照式(2-4)和式(2-6)对试验数据进行拟合，蠕变参数见表 4-9，将试验曲线与理论曲线进行对比分析，如图 4-21～图 4-25 所示。

表 4-9　碳化后蠕变参数

碳化时间/d	应力/MPa	G_1/MPa	G_2/MPa	H/MPa·h	η_{n_1}/MPa·h	相关系数
1	1.0	386.32	259.94	1 674.61	—	0.999 9
	1.5	538.91	293.95	4 124.99	—	0.999 9
	2.0	695.62	315.36	5 652.16	4 826.25	0.991 1
3	1.0	357.12	223.53	1 539.72	—	0.961 5
	1.5	471.19	275.46	3 936.36	—	0.989 1
	2.0	638.76	317.88	5 763.53	5 216.39	0.979 8
7	1.0	367.64	230.12	1 568.76	—	0.991 0
	1.5	490.46	283.62	3 735.59	—	0.987 5
	2.0	633.08	304.27	5 118.60	5 016.55	0.985 6
14	1.0	374.11	238.14	1 642.27	—	0.998 1
	1.5	494.21	286.12	4 091.37	—	0.976 5
	2.0	660.31	328.54	5 277.86	5 326.96	0.986 9
28	1.0	379.27	241.16	1 655.50	—	0.997 1
	1.5	501.12	296.99	4 197.95	—	0.989 1
	2.0	662.80	332.66	5 437.92	5 128.69	0.969 8

从表 4-9 和图 4-21～图 4-25 可以看出，本书建立的蠕变本构模型拟合的理论计算值与试验数据有较高的相关系数，理论曲线与试验曲线基本吻合，说明本书建立的改进的 Kelvin-Voigt 模型能够较好地反映碳化后建筑垃圾骨料充填体的蠕变特性。

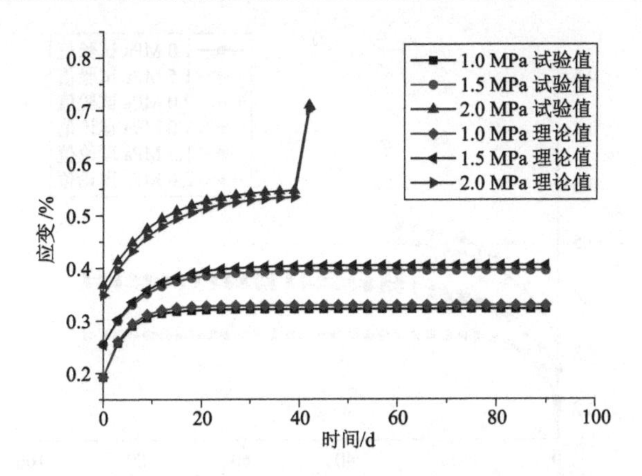

图 4-21　碳化 1 d 后充填体蠕变曲线的理论值与试验值对比

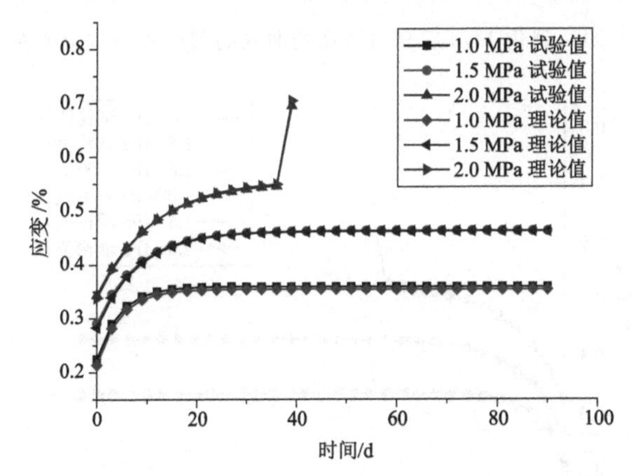

图 4-22　碳化 3 d 后充填体蠕变曲线的理论值与试验值对比

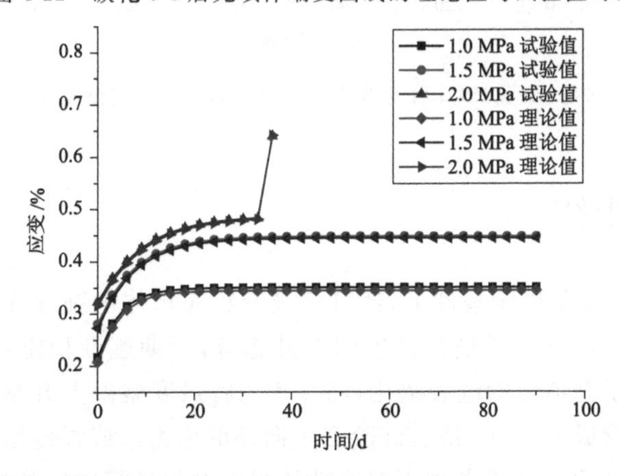

图 4-23　碳化 7 d 后充填体蠕变曲线的理论值与试验值对比

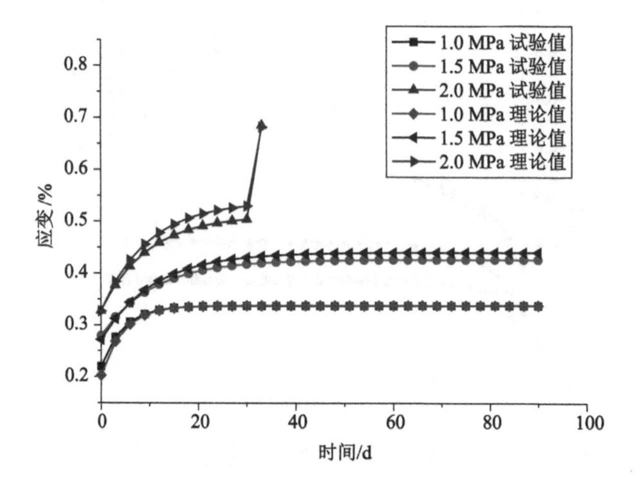

图 4-24　碳化 14 d 后充填体蠕变曲线的理论值与试验值对比

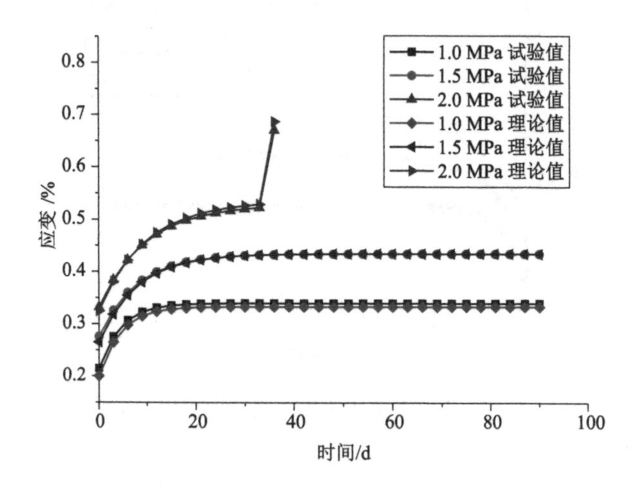

图 4-25　碳化 28 d 后充填体蠕变曲线的理论值与试验值对比

4.7　本章小结

(1) 在标准碳化试验条件下，建筑垃圾骨料充填体的强度在碳化早期存在明显的下降趋势，3 d 以后呈现缓慢的上升趋势，后期逐渐稳定，充填体早期强度的降低是由于充填体的硅胶碳化，而 3 d 之后强度略微上升是由于充填体内的钙矾石碳化形成 $CaCO_3$，挤压硅胶产生向外的应力造成强度增加。

(2) 在不同 CO_2 浓度条件下对充填体强度变化进行试验的过程中，CO_2 浓度超过 5%以后，充填体强度在碳化 1 d 和 3 d 时下降明显，之后小幅上升并趋于稳定，在碳化时间超过 3 d 后，充填体强度与 CO_2 浓度关系不大，强度损失速率与 CO_2 浓度呈正相关；碳化湿度对建筑垃圾骨料充填体的强度损失有微小的影响，即随着湿度的升高，充填体强度损失率呈现减小的趋势；不同的温度对碳化后期的强度影响不大，且没有明显的规律性，但温度对强度损失的速率有着比较明显的影响，即温度越高，强度损失越快。

(3) 本章建立了建筑垃圾骨料充填体强度损失率数学模型，该模型的理论计算数据与试验数据基本吻合，能够反映建筑垃圾骨料充填体碳化后的强度损失规律。

(4) 本章开展了标准试验条件下不同碳化时间的充填体单轴蠕变试验。在相同的加载时间内，碳化后的充填体蠕变变形量明显高于未碳化充填体的，且出现加速蠕变的时间变得更短，加速蠕变持续的时间更短，加速蠕变后试件很快被破坏，在 2 MPa 的应力水平下就出现了加速蠕变，这反映出建筑垃圾骨料充填体在碳化后强度的劣化性质。碳化 1 d 和碳化 3 d 的数据对比显示，充填体的蠕变变形量呈增大趋势，但碳化时间延长后这种变形增量变得不明显；碳化 7 d、14 d 和 28 d 试件的蠕变变形量没有太大差异，分析其机理，这是由于碳化造成充填体强度和刚度下降，产生了更大的变形量，但碳化 3 d 后充填体的强度和刚度基本稳定，因此此后蠕变变形量没有明显变化。

(5) 碳化后的建筑垃圾骨料充填体在初始加载瞬间的瞬时弹性模量小于未碳化充填体的，且在 1 d、3 d 时瞬时弹性模量下降速度很快，随着碳化时间的延长，碳化后的充填体瞬时弹性模量略微上升并趋于稳定，这与碳化后的强度变化规律存在相似性。随着蠕变加载时间的延长，充填体弹性模量在加载初期下降速度较快，在未加速蠕变时变形模量趋于稳定，加速蠕变时变形模量急剧下降，试件破坏。

(6) 碳化后的充填体蠕变规律仍可用改进的 Kelvin-Voigt 模型描述，采用改进的 Kelvin-Voigt 模型拟合的理论计算值与试验数据有较高的相关系数，理论曲线与试验曲线基本吻合。

5 矿井水腐蚀作用下充填体力学性能演化规律研究

建筑垃圾骨料充填体充入采空区后，除了受到空气中 CO_2 的碳化影响外，当采空区内存在大量的矿井水时，矿井水对充填体的腐蚀作用也不可忽视。很多矿区的矿井水中存在着硫酸盐、氯盐和镁盐等对充填体有腐蚀作用的化学成分[138-140]，有的矿区的矿井水中存在着酸性的腐蚀溶液[141-143]，充填体在受到矿井水的化学腐蚀影响后，必然会发生劣化[144]。因此，有必要研究建筑垃圾骨料充填体在矿井水腐蚀作用下的力学性能演化规律。

5.1 充填体腐蚀试验

5.1.1 试验过程

(1) 试验材料与配合比

试验材料为以建筑垃圾为骨料的膏体充填材料，组成成分为水泥、建筑垃圾骨料、天然砂、粉煤灰和水，配合比仍采用前文确定的最优配合比，即质量分数为 83%，水灰比为 2.5，砂率为 65%，粉煤灰用量为 250 kg/m^3。

(2) 腐蚀溶液

为模拟矿井水的腐蚀，本书采用高浓度腐蚀溶液进行腐蚀，腐蚀溶液为 $NaCl$、Na_2SO_4、$MgSO_4$ 三种盐溶液和 HCl、H_2SO_4 两种酸溶液，盐溶液浓度取 5%、10%和 20%三种浓度，酸溶液的 pH 值取 1、3、5 三种。

(3) 试验方法

试件采用 ϕ50 mm×100 mm 的圆柱形试件，将其放入不同的腐蚀溶液中进行干湿循环腐蚀试验，并在腐蚀 0 d、7 d、30 d、60 d、90 d 和 120 d 采用 WDW300 型万能试验机对试件进行单轴压缩试验，测试试件单轴抗压强度，每次单轴压缩试验选取 3 块试件，取试验平均值作为建筑垃圾骨料充填体的单轴抗压强度，对于试验数据超过平均值15%的试件数据予以剔除。其中一组试件的腐蚀试验如图5-1所示，腐蚀后的充填体的单轴压缩试验如图5-2所示，试件受压破坏时的照片如图5-3所示。

图5-1 建筑垃圾骨料充填体腐蚀试验

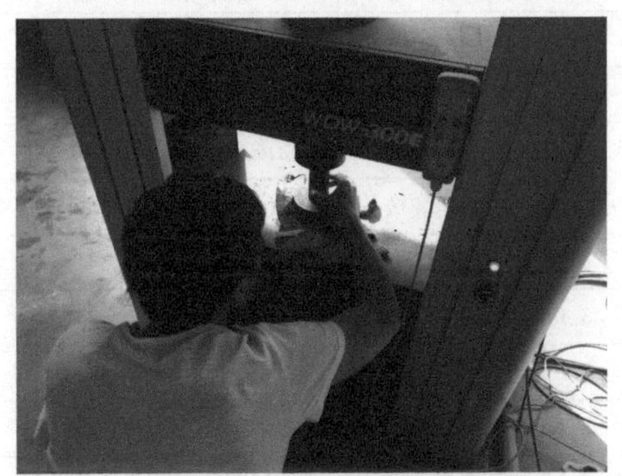

图5-2 腐蚀后充填体的单轴压缩试验

图5-3 腐蚀后充填体试件受压破坏

5.1.2 试验结果分析

将单轴压缩试验测试的不同腐蚀溶液腐蚀充填体 0 d、7 d、30 d、60 d、90 d 和 120 d 的单轴抗压强度(3 块试件的平均值)汇总于表 5-1 中,强度损失率汇总于表 5-2 中,并绘制强度演化规律曲线和强度损失率曲线。

表 5-1 腐蚀后的充填体强度

溶液种类	0 d 强度/MPa	7 d 强度/MPa	30 d 强度/MPa	60 d 强度/MPa	90 d 强度/MPa	120 d 强度/MPa
5%NaCl	2.96	3.07	2.93	2.83	2.68	2.56
10%NaCl	2.93	3.03	2.85	2.61	2.42	2.28
20%NaCl	2.89	2.97	2.73	2.45	2.21	2.08
5%Na_2SO_4	3.01	3.11	2.95	2.74	2.52	2.38
10%Na_2SO_4	2.90	2.96	2.59	2.34	2.13	1.97
20%Na_2SO_4	2.99	3.04	2.50	2.22	1.97	1.70
5%$MgSO_4$	2.88	2.99	2.84	2.52	2.32	2.14
10%$MgSO_4$	2.94	3.02	2.82	2.54	2.28	2.11
20%$MgSO_4$	2.87	2.90	2.65	2.34	2.14	2.01
pH 值为 1 的 HCl	3.05	2.62	1.97	1.44	1.04	0.72
pH 值为 3 的 HCl	3.03	2.77	2.32	2.01	1.77	1.51
pH 值为 5 的 HCl	2.99	2.87	2.67	2.46	2.24	2.07
pH 值为 1 的 H_2SO_4	2.97	2.47	1.67	1.16	0.73	0.31
pH 值为 3 的 H_2SO_4	3.01	2.66	2.22	1.80	1.46	1.17
pH 值为 5 的 H_2SO_4	2.87	2.68	2.51	2.28	1.95	1.71

表 5-2 腐蚀后的充填体强度损失率

溶液种类	0 d 强度损失率/%	7 d 强度损失率/%	30 d 强度损失率/%	60 d 强度损失率/%	90 d 强度损失率/%	120 d 强度损失率/%
5%NaCl	0	−3.62	1.02	4.53	9.62	13.61
10%NaCl	0	−3.33	2.65	10.95	17.36	22.14
20%NaCl	0	−2.65	5.61	15.26	23.61	27.88
5%Na_2SO_4	0	−3.26	2.05	8.94	16.38	21.06
10%Na_2SO_4	0	−2.12	10.86	19.32	26.59	32.11

表 5-2(续)

溶液种类	0 d 强度损失率/%	7 d 强度损失率/%	30 d 强度损失率/%	60 d 强度损失率/%	90 d 强度损失率/%	120 d 强度损失率/%
20% Na_2SO_4	0	−1.62	16.39	25.61	34.20	43.26
5% $MgSO_4$	0	−3.99	1.36	12.65	19.38	25.62
10% $MgSO_4$	0	−2.62	4.12	13.61	22.35	28.18
20% $MgSO_4$	0	−1.05	7.63	18.36	25.31	30.08
pH 值为 1 的 HCl	0	13.98	35.26	52.68	65.88	76.33
pH 值为 3 的 HCl	0	8.69	23.32	33.66	41.69	50.22
pH 值为 5 的 HCl	0	3.87	10.69	17.65	25.11	30.65
pH 值为 1 的 H_2SO_4	0	16.98	43.62	60.98	75.33	89.62
pH 值为 3 的 H_2SO_4	0	11.63	26.33	40.36	51.43	61.26
pH 值为 5 的 H_2SO_4	0	6.52	12.68	20.41	31.95	40.33

从图 5-4 和图 5-5 可以看出，受到 NaCl 溶液腐蚀作用后，建筑垃圾骨料充填体的强度呈现先增加后下降的趋势，且浓度越大，充填体的强度损失率越高。充填体强度增加的原因主要是 NaCl 溶液与充填体发生化学反应的生成物使充填体变得更加密实。随着腐蚀时间的延长，Cl^- 离子渗透到建筑垃圾骨料充填体内部发生的化学反应不断进行，化学反应的生成物越来越多，使内部体积膨胀，从而在建筑垃圾骨料充填体内产生了膨胀应力，导致充填体内微裂纹的生

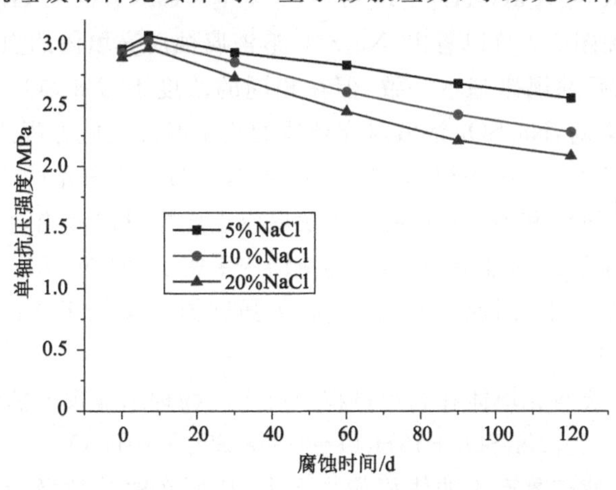

图 5-4　NaCl 溶液腐蚀作用下充填体强度演化规律

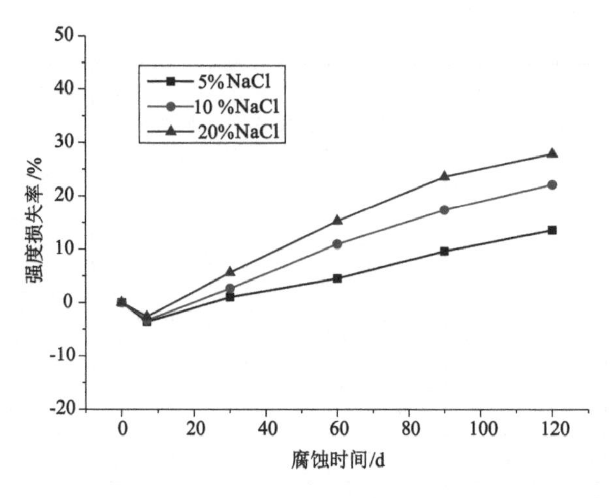

图 5-5　NaCl 溶液腐蚀作用下充填体强度损失率演化规律

成，造成强度下降。在此过程中，既有化学反应，又有物理反应，化学反应是产生了新的化学生成物，物理反应是化学反应生成物结晶析出造成的体积膨胀，共同造成了建筑垃圾骨料充填体强度的损失。粉煤灰的掺入对建筑垃圾骨料充填体的强度劣化有一定的抑制作用，但作用效果有限，起到抑制作用是由粉煤灰在充填体的长期活性反应决定的。但是由于充填体质量分数低、水灰比大，粉煤灰对抑制建筑垃圾骨料充填体腐蚀的作用低于抑制混凝土腐蚀的作用。化学反应方程式为：

$$2NaCl + Ca(OH)_2 = CaCl_2 + 2NaOH \tag{5-1}$$

$$CaCl_2 + Ca(OH)_2 + H_2O = CaCl_2 \cdot Ca(OH)_2 \cdot H_2O \tag{5-2}$$

从图 5-6 和图 5-7 可以看出，Na_2SO_4 溶液腐蚀后充填体的强度演化规律与 NaCl 溶液腐蚀后的规律基本一致，但在相同的浓度下，Na_2SO_4 溶液腐蚀产生的强度损失率更高，Na_2SO_4 溶液对充填体的化学腐蚀反应方程式为：

$$Na_2SO_4 + Ca(OH)_2 + 2H_2O = 2NaOH + CaSO_4 \cdot 2H_2O \tag{5-3}$$

对比 NaCl 溶液和 Na_2SO_4 溶液化学反应生成物可以看出，由于 NaCl 溶液腐蚀后产生的化学产物难溶于水，能够使结构更密实，而 Na_2SO_4 溶液腐蚀后产生的化学产物溶于水，因此 NaCl 腐蚀后的强度损失率低于 Na_2SO_4 溶液腐蚀后的强度损失率。

Na_2SO_4 溶液与充填体在腐蚀过程中产生的物理结晶现象的方程式为：

$$Na_2SO_4 + 10H_2O = Na_2SO_4 \cdot 10H_2O \tag{5-4}$$

Na_2SO_4 溶液结晶产生的体积膨胀更大，从而在建筑垃圾骨料充填体内产生的膨胀应力也更大。

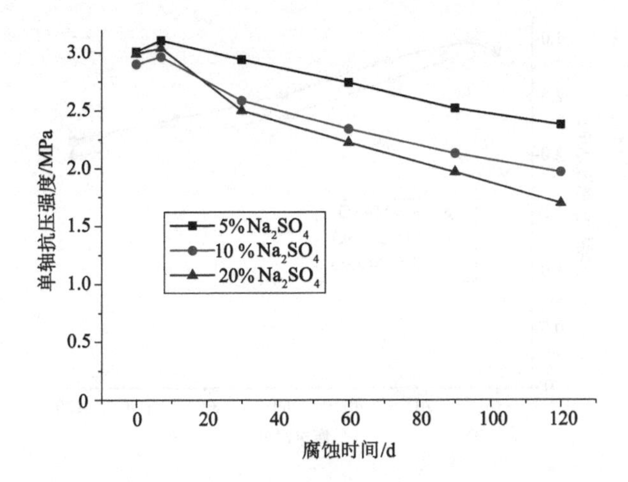

图 5-6　Na_2SO_4 溶液腐蚀作用下充填体强度演化规律

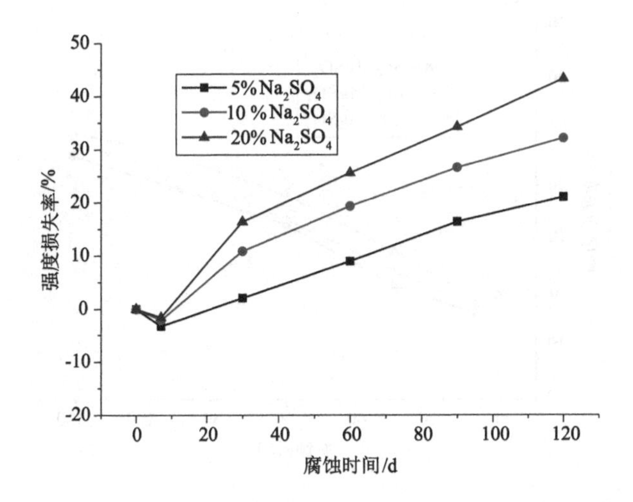

图 5-7　Na_2SO_4 溶液腐蚀作用下充填体强度损失率演化规律

从图 5-8 和图 5-9 可以看出，$MgSO_4$ 溶液腐蚀后充填体的强度演化规律与 Na_2SO_4、NaCl 溶液腐蚀后的规律基本一致，但 $MgSO_4$ 溶液腐蚀产生的强度损失率高于 NaCl 溶液，低于 Na_2SO_4 溶液。这是由于 SO_4^{2-} 离子对建筑垃圾骨料充填体的腐蚀作用强于 Cl^- 离子，但 $MgSO_4$ 溶液结晶之后的体积膨胀弱于 Na_2SO_4，因此充填体强度损失率低于在 Na_2SO_4 溶液中的强度损失率。$MgSO_4$ 溶液对充填体的化学腐蚀反应方程式为：

$$MgSO_4+Ca(OH)_2+2H_2O=\!=\!=Mg(OH)_2+CaSO_4\cdot 2H_2O \qquad (5\text{-}5)$$

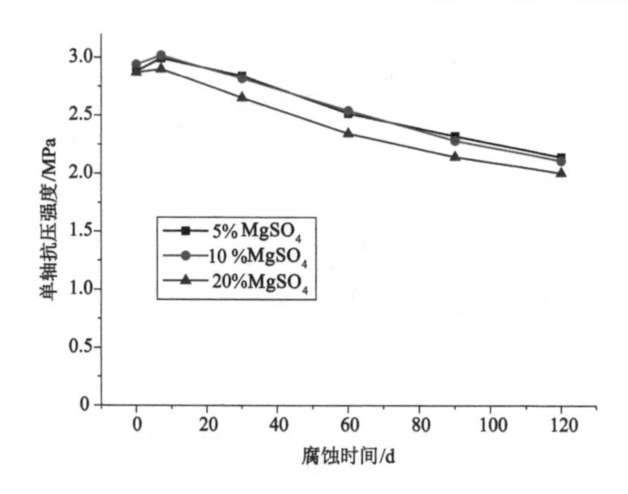

图 5-8　$MgSO_4$ 溶液腐蚀作用下充填体强度演化规律

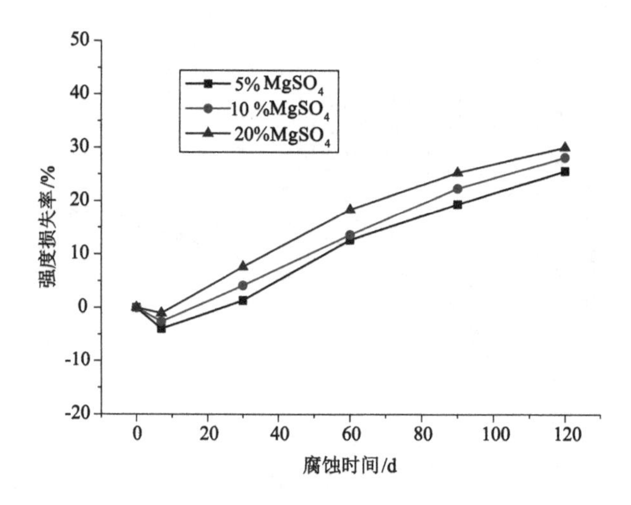

图 5-9　$MgSO_4$ 溶液腐蚀作用下充填体强度损失率演化规律

从图 5-10 和图 5-11 可以看出，HCl 溶液腐蚀后，充填体强度呈现明显的下降趋势，且随着 pH 值的减小，强度下降的幅度增大，没有出现先增长后下降的趋势。这是由于酸溶液腐蚀作用下，H^+ 与 $Ca(OH)_2$ 发生中和反应，充填体内的 OH^- 离子失去，充填体碱度降低，化学反应速度更快，因此化学反应产生的劣化已经超过了生成物产生的孔隙密实，强度呈现下降趋势。pH 值为 1 时，120 d 强度损失率达到 76.33％，充填体基本失去使用价值，说明酸溶液对充填体的腐蚀程度超过了盐溶液的腐蚀程度。

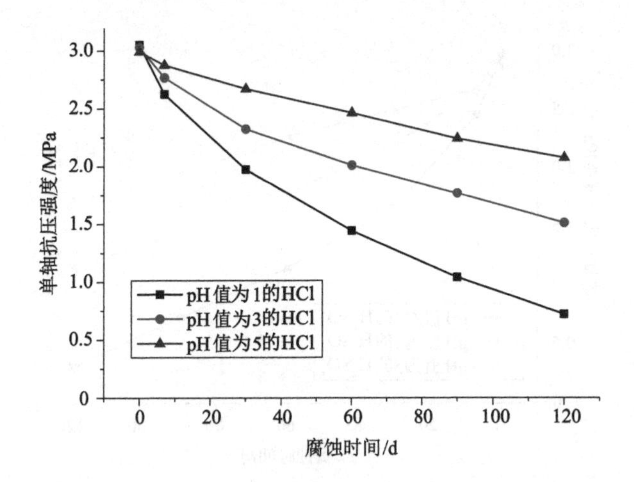

图 5-10　HCl 溶液腐蚀作用下充填体强度演化规律

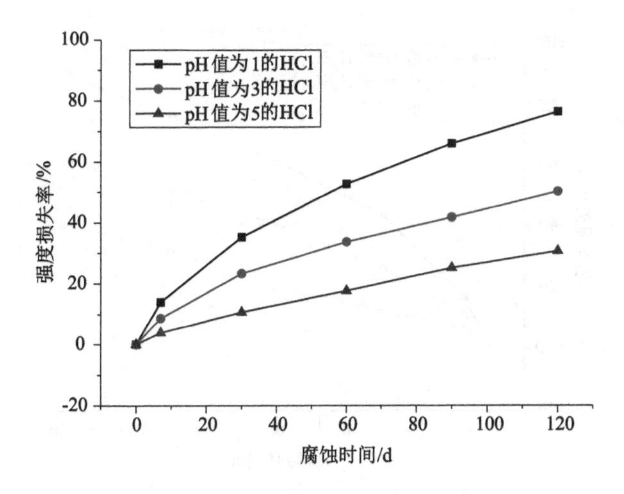

图 5-11　HCl 溶液腐蚀作用下充填体强度损失率演化规律

从图 5-12 和图 5-13 可以看出，H_2SO_4 溶液腐蚀后，充填体强度呈现明显的下降趋势，且随着 pH 值的减小，强度下降的幅度增大，强度劣化极为剧烈。这是由于 H^+ 与 $Ca(OH)_2$ 发生中和反应后释放出大量的游离 Ca^{2+} 离子，Ca^{2+} 离子与 SO_4^{2-} 形成 $CaSO_4 \cdot 2H_2O$，体积膨胀导致了强度急剧降低。当 pH 值为 1 时，120 d 强度损失率达到 89.62%，充填体完全失去使用价值，说明硫酸溶液对充填体的腐蚀程度超过了盐酸溶液的腐蚀。酸溶液腐蚀作用下的化学反应方程式为：

$$OH^- + 2H^+ = H_2O \tag{5-6}$$

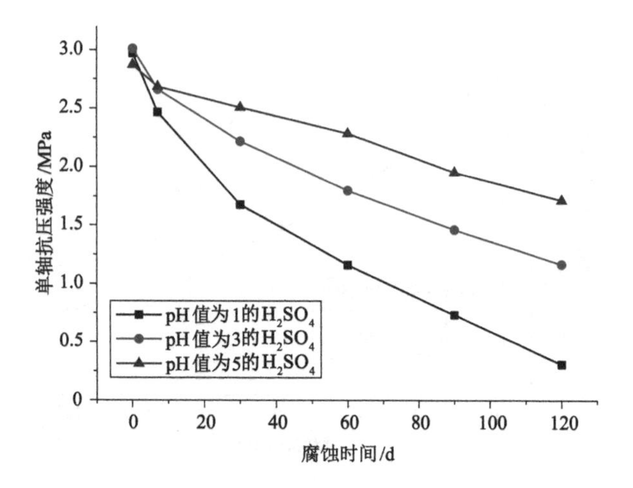

图 5-12 H_2SO_4 溶液腐蚀作用下充填体强度演化规律

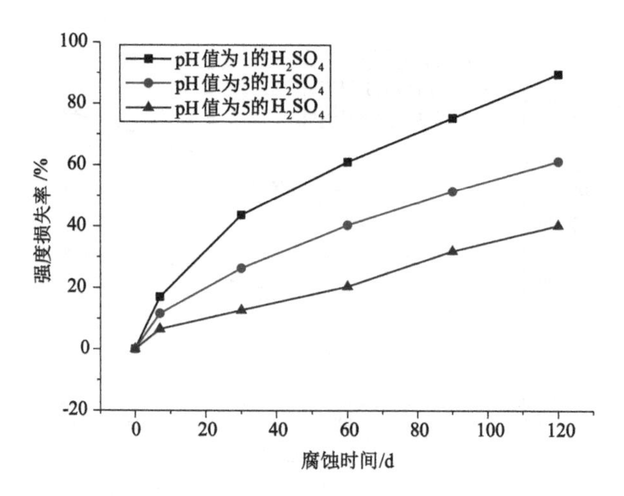

图 5-13 H_2SO_4 溶液腐蚀作用下充填体强度损失率演化规律

$$3CaO \cdot 2SiO_2 \cdot 3H_2O + 6H^+ = 3Ca^{2+} + 2SiO_2 + 6H_2O \tag{5-7}$$

5.1.3 充填体腐蚀后强度损失率数学模型

将充填体腐蚀后的强度损失率进行拟合，可以建立充填体腐蚀后的数学模型，由于充填体强度在盐溶液和酸溶液的演化规律存在差异，因此分别对盐溶液和酸溶液腐蚀后充填体的强度损失率进行拟合，其方程分别如式(5-8)和式(5-9)所示，拟合参数如表 5-3 所列，理论值与试验值对比见图 5-14～图 5-18。

表 5-3　腐蚀后充填体强度损失率数学模型参数

溶液种类	参数 1	参数 2	相关系数
5%NaCl	4.19	0.15	0.997 7
10%NaCl	4.10	0.23	0.995 5
20%NaCl	2.95	0.28	0.991 4
5%Na_2SO_4	4.47	0.22	0.997 8
10%Na_2SO_4	0.54	0.29	0.983 5
20%Na_2SO_4	0.73	0.37	0.983 0
5%$MgSO_4$	5.56	0.27	0.994 7
10%$MgSO_4$	3.98	0.28	0.997 2
20%$MgSO_4$	0.99	0.28	0.989 5
pH 值为 1 的 HCl	5.00	0.57	0.999 7
pH 值为 3 的 HCl	3.11	0.58	0.999 4
pH 值为 5 的 HCl	0.80	0.76	0.999 6
pH 值为 1 的 H_2SO_4	6.41	0.55	0.999 4
pH 值为 3 的 H_2SO_4	3.49	0.60	0.999 9
pH 值为 5 的 H_2SO_4	0.78	0.82	0.995 3

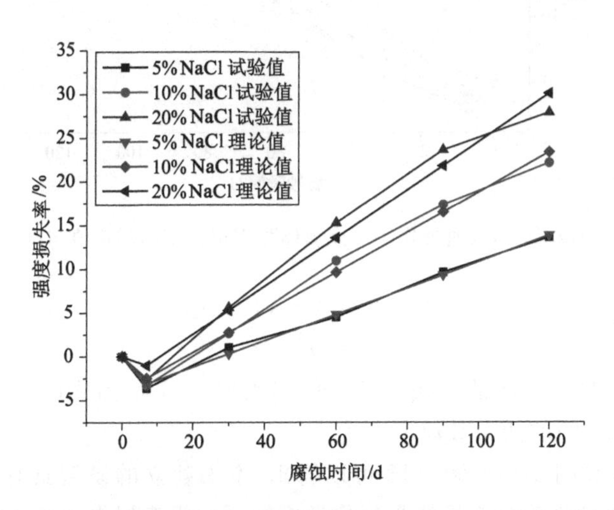

图 5-14　NaCl 溶液腐蚀作用下充填体强度损失率的理论值与试验值对比

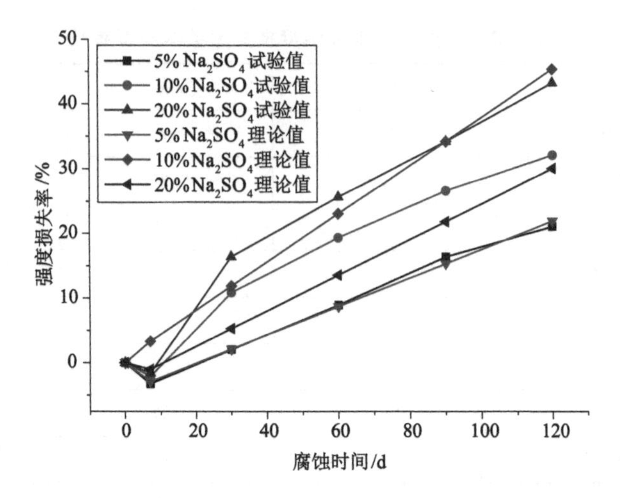

图 5-15　Na_2SO_4 溶液腐蚀作用下充填体强度损失率的理论值与试验值对比

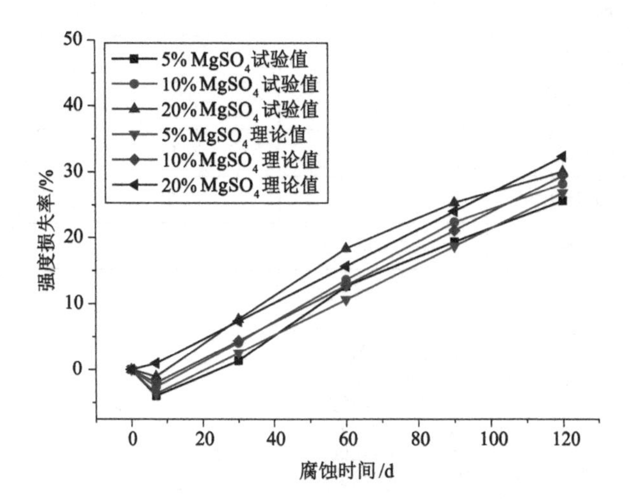

图 5-16　$MgSO_4$ 溶液腐蚀作用下充填体强度损失率的理论值与试验值对比

$$\theta = p_1(e^{-t} - 1) + p_2 t \tag{5-8}$$

$$\beta = p'_1 t^{p'_2} \tag{5-9}$$

式中，θ 和 β 分别为盐溶液和酸溶液中的损失率；p_1，p_2 为式(5-8)的两个参数；p'_1，p'_2 为式(5-9)的两个参数。

从表 5-3 和图 5-14～图 5-18 可以看出，本书建立的模型具有较高的精度，可以描述建筑垃圾骨料充填体受到化学腐蚀后的强度损失率演化规律。

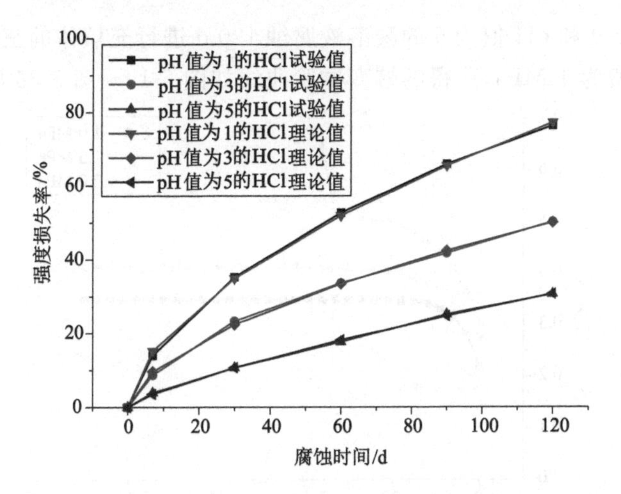

图 5-17 HCl 溶液腐蚀作用下充填体强度损失率的理论值与试验值对比

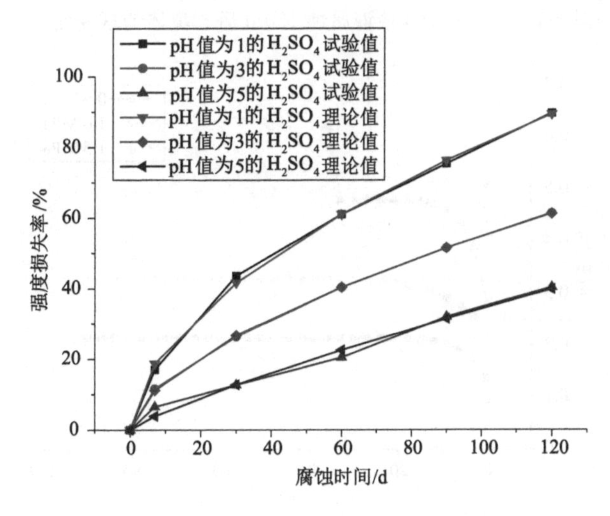

图 5-18 H_2SO_4 溶液腐蚀作用下充填体强度损失率的理论值与试验值对比

5.2 充填体腐蚀后蠕变特性研究

5.2.1 充填体腐蚀后蠕变规律

对于腐蚀后的建筑垃圾骨料充填体，在较高浓度溶液腐蚀后的充填体已经失去使用价值，研究其蠕变性能已经没有意义，因此本书选取浓度为 10%的盐溶液腐蚀 120 d 和 pH 值为 5 的酸溶液腐蚀 120 d 进行充填体的三轴蠕变试验，这里围压取值为 1 MPa，获得的蠕变试验曲线如图 5-19～图 5-23 所示。

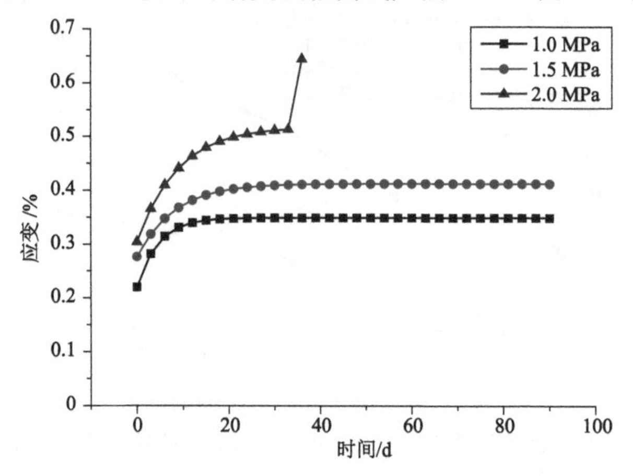

图 5-19　10％NaCl 溶液腐蚀 120 d 后充填体的蠕变曲线

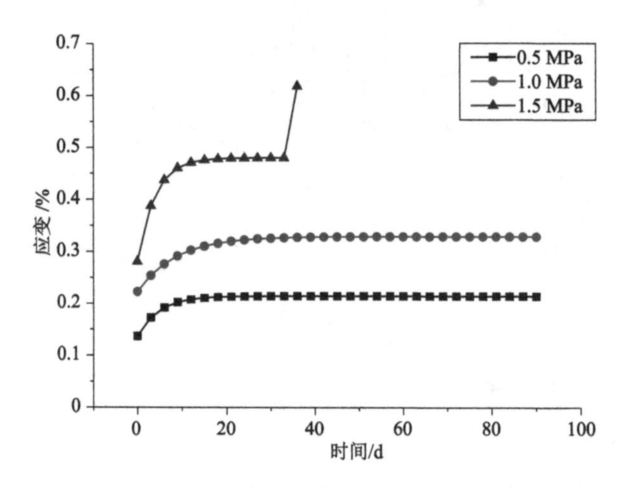

图 5-20　10％Na_2SO_4 溶液腐蚀 120 d 后充填体的蠕变曲线

从图 5-19～图 5-23 可以看出，受到化学溶液腐蚀后，充填体出现加速蠕变的应力阈值明显降低，在相同的应力水平下，充填体产生的蠕变变形量较未发生腐蚀作用的明显增大，这是由于受到酸溶液或者盐溶液腐蚀后，充填体强度下降、力学性质劣化。酸溶液腐蚀后产生的影响较盐溶液腐蚀后产生的影响更大，这是由于酸溶液腐蚀产生的劣化更为严重。这里没有开展 pH 值更小的强酸腐蚀后的蠕变试验，因为 pH 值为 1 或者 3 的腐蚀溶液腐蚀后充填体已经严重破损，无法开展蠕变试验。

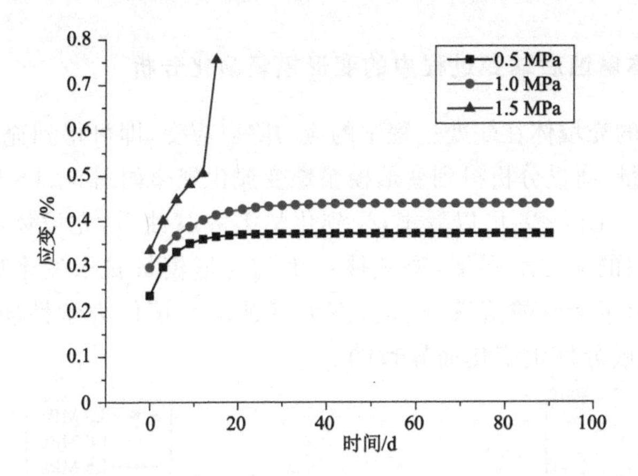

图 5-21 10%$MgSO_4$ 溶液腐蚀 120 d 后充填体的蠕变曲线

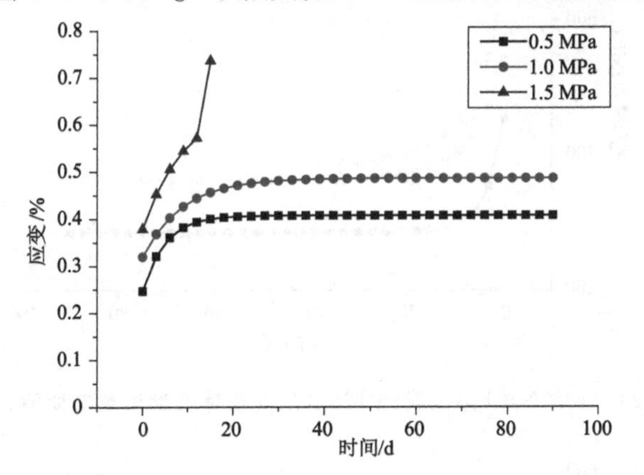

图 5-22 pH 值为 5 的 HCl 溶液腐蚀 120 d 后充填体的蠕变曲线

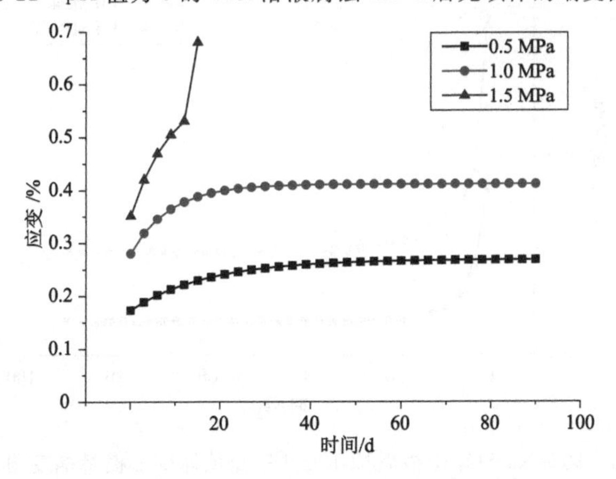

图 5-23 pH 值为 5 的 H_2SO_4 溶液腐蚀 120 d 后充填体的蠕变曲线

5.2.2 充填体腐蚀后蠕变过程中的变形模量演化分析

将腐蚀后的充填体在蠕变过程中的应力除以应变，即可得到充填体在蠕变过程中的变形模量，通过分析得到变形模量蠕变演化规律如图 5-24～图 5-28 所示。

从图 5-24～图 5-28 可以看出，受到化学溶液腐蚀后，充填体的变形模量明显降低，在相同的应力水平下，充填体产生的变形模量较未发生腐蚀时的明显减小大，这是由于受到酸溶液或者盐溶液腐蚀后充填体力学性质劣化、内部孔隙结构和化学成分发生变化而导致的。

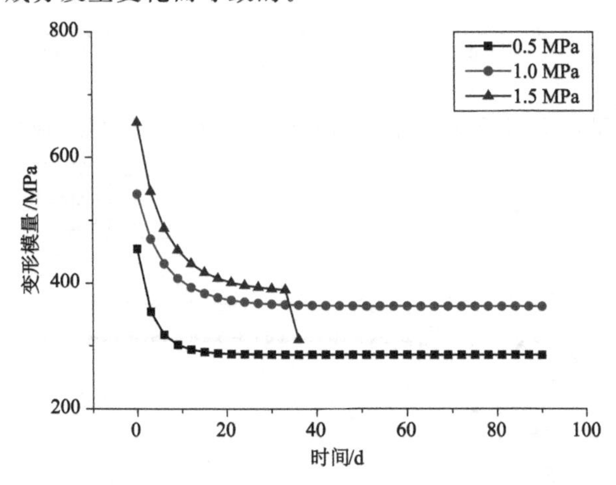

图 5-24　10％NaCl 溶液腐蚀 120 d 后充填体变形模量蠕变演化规律

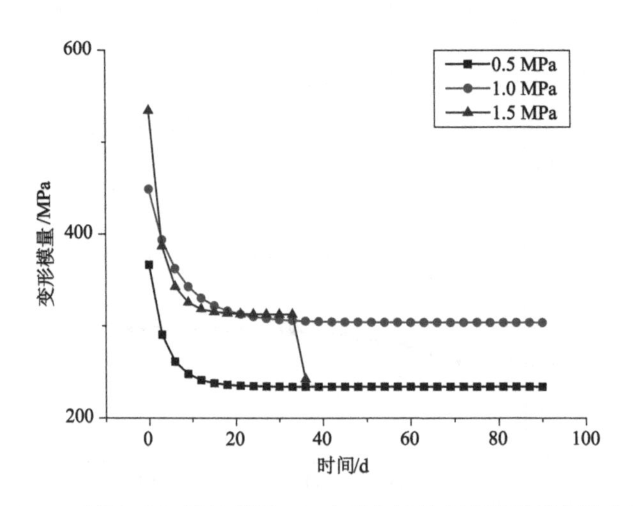

图 5-25　10％Na_2SO_4 溶液腐蚀 120 d 后充填体变形模量蠕变演化规律

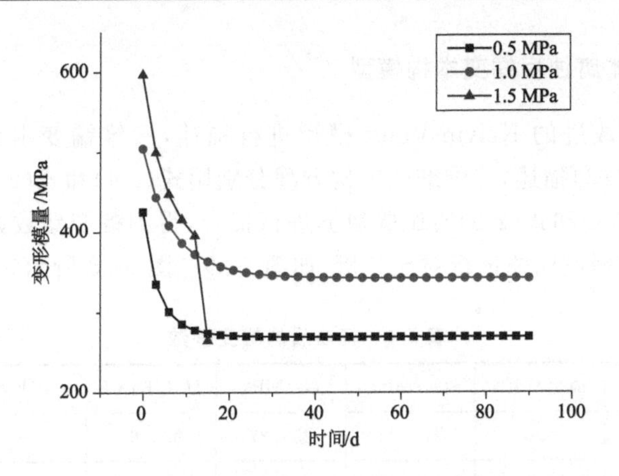

图 5-26　10%$MgSO_4$ 溶液腐蚀 120 d 后充填体变形模量蠕变演化规律

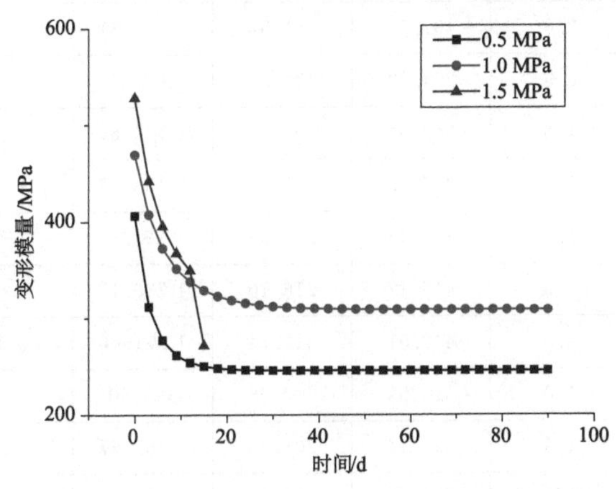

图 5-27　pH 值为 5 的 HCl 腐蚀 120 d 后充填体变形模量蠕变演化规律

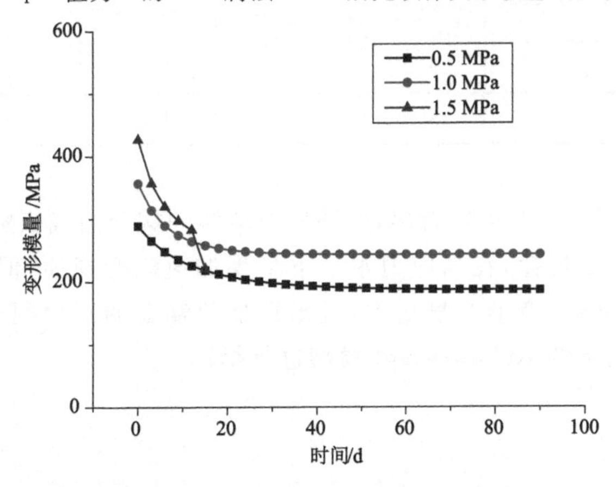

图 5-28　pH 值为 5 的 H_2SO_4 腐蚀 120 d 后充填体变形模量蠕变演化规律

5.2.3 充填体腐蚀后蠕变本构模型

仍然采用改进的 Kelvin-Voigt 模型进行描述，一维蠕变本构方程分别用式(2-1)和式(2-3)描述，三维蠕变本构方程分别用式(2-4)和式(2-6)描述。

按照式(2-4)和式(2-6)对试验数据进行拟合，得到蠕变参数如表 5-4 所列，将试验曲线与理论曲线进行对比分析，如图 5-29～图 5-33 所示。

表 5-4 腐蚀后的蠕变参数

腐蚀溶液	应力/MPa	G_1/MPa	G_2/MPa	H/MPa·h	η_{n_1}/MPa·h	相关系数
10%NaCl	1.0	373.83	253.27	688.66	—	0.981 5
	1.5	463.07	253.39	1 327.81	—	0.991 2
	2.0	467.65	361.52	1 786.31	4 720.98	0.976 9
10%Na_2SO_4	0.5	294.22	192.31	560.38	—	0.982 0
	1.0	369.66	192.41	1 100.69	—	0.987 7
	1.5	373.53	283.81	1 488.27	3 932.68	0.976 8
10%$MgSO_4$	1.0	330.45	215.98	629.35	—	0.991 2
	1.5	415.17	216.10	1 236.17	—	0.979 9
	2.0	419.51	318.74	1 671.46	4 621.03	0.983 3
pH 值为 5 的 HCl	1.0	310.53	202.96	591.40	—	0.993 1
	1.5	390.14	203.06	1 161.67	—	0.970 2
	2.0	394.21	299.53	1 570.71	5 326.96	0.987 7
pH 值为 5 的 H_2SO_4	0.5	235.39	153.86	448.31	—	0.989 9
	1.0	295.74	153.94	880.56	—	0.980 1
	1.5	298.82	227.05	1 190.61	5 268.70	0.992 6

从图 5-29～图 5-33 可以看出，腐蚀后充填体的蠕变曲线依然是在低应力水平下呈现衰减蠕变规律，在高应力水平下呈现加速蠕变规律，但可以明显看出腐蚀后充填体的蠕变变形明显增大，且出现加速蠕变的阈值明显降低，该演化规律仍可采用改进的 Kelvin-Voigt 模型进行描述。

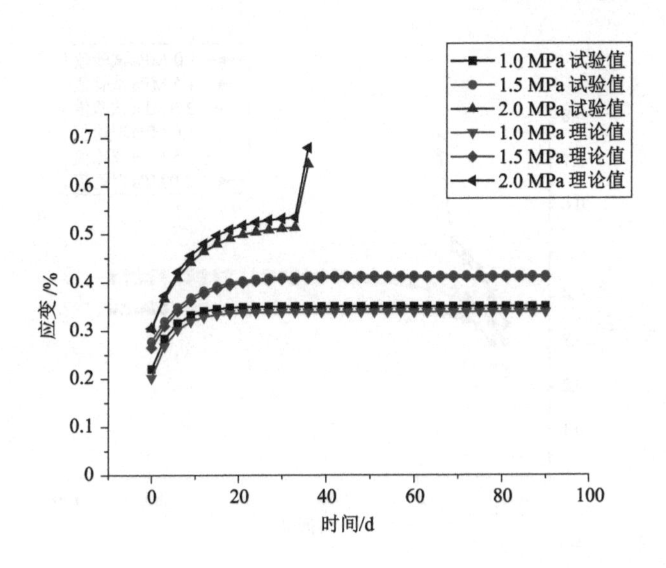

图 5-29 10%NaCl 溶液腐蚀 120 d 后充填体的蠕变试验值与理论值对比

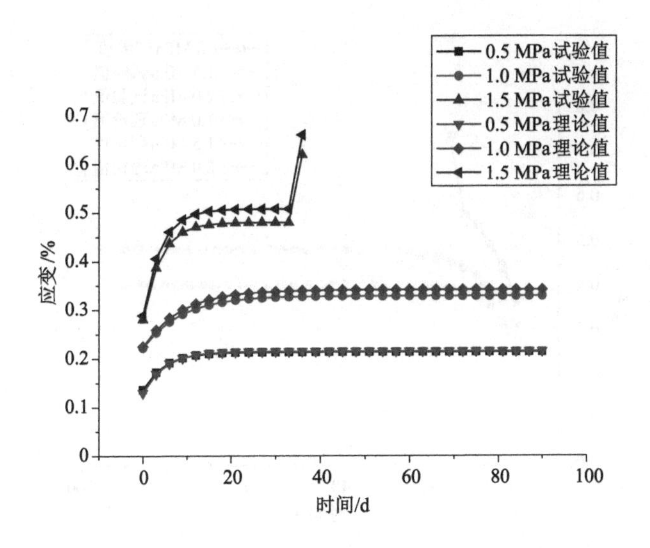

图 5-30 10%Na_2SO_4 溶液腐蚀 120 d 后充填体的蠕变试验值与理论值对比

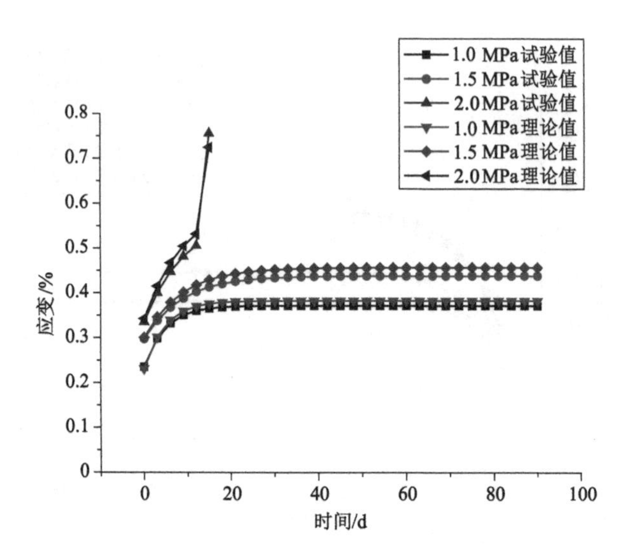

图 5-31　10%$MgSO_4$ 溶液腐蚀 120 d 后充填体的蠕变试验值与理论值对比

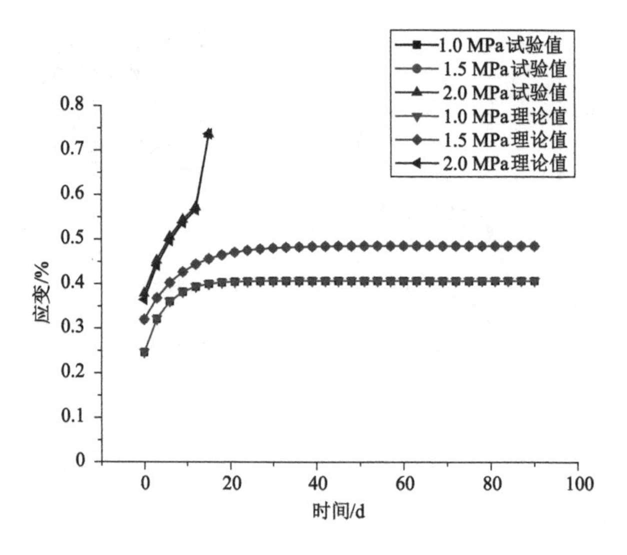

图 5-32　pH 值为 5 的 HCl 溶液腐蚀 120 d 后充填体的蠕变试验值与理论值对比

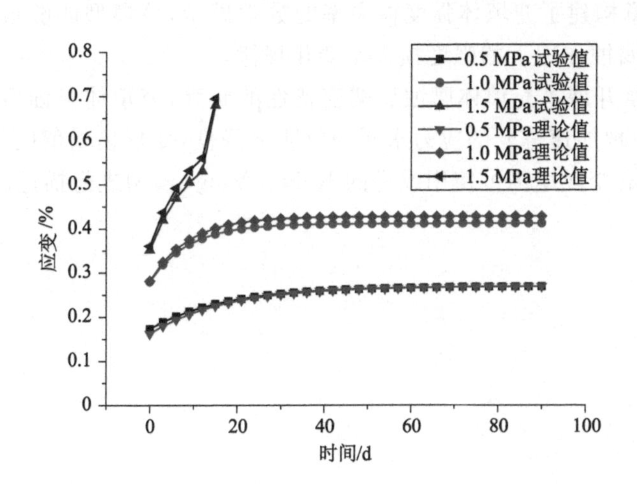

图 5-33 pH 值为 5 的 H_2SO_4 溶液腐蚀 120 d 后充填体的蠕变试验值与理论值对比

5.3 本章小结

本章研究了建筑垃圾骨料充填体在化学溶液腐蚀作用下的强度演化规律和蠕变变形规律，得到如下研究成果：

(1) 受到盐溶液腐蚀作用后，建筑垃圾骨料充填体的强度呈现先增加后下降的趋势，且浓度越大，充填体的强度损失率越高。充填体强度先增加的原因主要是盐溶液与充填体发生化学反应的生成物使充填体变得更加密实。随着腐蚀时间的延长，化学反应不断进行，化学反应生成物体积膨胀，从而在建筑垃圾骨料充填体内产生了膨胀应力，导致充填体内微裂纹的生成，造成强度下降。对比 3 种盐溶液的腐蚀结果，Na_2SO_4 溶液腐蚀产生的充填体强度损失率最高，产生这种现象的原因是 NaCl 溶液腐蚀后产生的化学产物难溶于水，且更密实，而 Na_2SO_4 溶液结晶产生的体积膨胀更大。$MgSO_4$ 溶液腐蚀产生的充填体强度损失率高于 NaCl 溶液，低于 Na_2SO_4 溶液，这是由于 SO_4^{2-} 离子对建筑垃圾骨料充填体的腐蚀作用强于 Cl^- 离子，而 $MgSO_4$ 溶液结晶体积膨胀较小。

(2) 酸溶液腐蚀后，充填体强度呈现明显的下降趋势，且随着 pH 值的减小，强度下降的幅度增大，强度劣化极为剧烈。H_2SO_4 溶液中的 H^+ 与 $Ca(OH)_2$ 发生中和反应后释放大量的游离 Ca^{2+} 离子，Ca^{2+} 离子与 SO_4^{2-} 形成 $CaSO_4 \cdot 2H_2O$，体积膨胀，强度急剧降低，硫酸溶液对充填体的腐蚀程度超过了盐酸溶液的腐蚀。

(3) 本章构建了充填体强度损失率的数学模型,该模型能够很好地反映充填体在化学腐蚀作用下的强度损失率变化规律。

(4) 本章开展了充填体腐蚀后蠕变特性的研究,充填体腐蚀后蠕变变形量明显增加,出现加速蠕变的应力水平阈值明显降低,变形模量值明显降低,腐蚀后的充填体蠕变规律仍可使用改进的 Kelvin-Voigt 模型进行描述。

6 建筑垃圾骨料充填体减沉效果数值模拟

6.1 工程概况

6.1.1 地理位置

潘家西沟煤矿位于凤城市东北约 60 km 处，行政区划隶属于辽宁省凤城市爱阳镇潘家村管辖，爱阳镇政府与凤城市间有桓盖线连接，潘家西沟煤矿至桓盖线间有村级公路连接，矿区交通比较方便。

6.1.2 气象与水文

工作区气候属北温带湿润区大陆性季风气候，四季分明，冬季寒冷干燥，夏季多雨，7～8 月份气温较高，最高温度达 37.3 ℃，1～2 月份气温较低，最低温度为－32.6 ℃，年平均气温为 8.2 ℃，年均降水量为(998.2±10) mm，降水多集中于每年的 7、8 月份，年均霜冻期为 206 d，冻土深度为 1.2～1.5 m。

爱阳镇内水资源较为充足，大小河流有 75 条，爱河、旧帽山河、三岔河在境内交汇，流入灌水镇。区内无常年性水体，仅在雨季部分沟渠内见有季节性溪流，洪流量受降雨及附近矿山井下抽排水影响较大。矿山采空区顶板管理均采用自然冒落法。

6.1.3 地层岩性

调查区内地层岩性主要为新生界第四系全新统冲洪积层、中生界侏罗系下统长梁子组、上元古界青白口系钓鱼台组。从老到新分述如下：

(1) 上元古界青白口系钓鱼台组

钓鱼台组地层主要分布于调查区的南部和西南部，岩石为白色-灰白色石英砂岩，为不含煤地层。

(2) 中生界侏罗系下统长梁子组

长梁子组是区域主要含煤地层，在调查区北部、东北部和西北部大范围出露，岩性为灰色、灰绿色中粒石英花岗岩、灰色粉砂质页岩、粉砂岩、灰色粉砂质页岩与黑色碳质页岩互层，夹砂岩及煤层，局部见砾岩及含砾石英砂岩。该岩组为矿区主要含煤岩系，与上覆第四系呈角度不整合接触，岩层产状平缓，走向以近东西向为主。

(3) 新生界第四系全新统冲洪积层

第四系全新统冲洪积层分布于矿区中部—东部，偏北部，主要由冲洪积砂、砾石层组成，厚度为 2～10 m。

6.1.4 工程地质条件及地质构造

调查区内的岩体工程地质类型可划分为坚硬块状岩石工程地质岩组、坚硬-半坚硬的层状碎屑岩石工程地质岩组、半坚硬-软的层状岩石工程地质岩组、松软土体工程地质岩组。

(1) 坚硬块状岩石工程地质岩组

该岩组主要为晚侏罗世侵入岩花岗岩和正长岩，结构致密坚硬，岩层稳定，承载力特征值为 500～900 kPa。工程地质条件较好，岩体稳定性较好。

(2) 坚硬-半坚硬的层状碎屑岩石工程地质岩组

该岩组主要为钓鱼台组和长梁子组石英砂岩、页岩、粉砂岩，为煤层顶底板，结构致密坚硬，岩层较稳定，砂岩的承载力特征值为 280～350 kPa，页岩的承载力特征值为 250～330 kPa，粉砂岩的承载力特征值为 200～300 kPa。

(3) 半坚硬-软的层状岩石工程地质岩组

该岩组主要为煤层，岩石性脆，力学强度弱，煤层较稳定，力学性质较差。

(4) 松软土体工程地质岩组

该岩组主要为第四系地层，主要岩性为粉质黏土和碎石。根据野外调查和资料，区内见有一组断裂构造。断裂产状倾向南，倾角为 40°～60°，走向近东西，走向延长约 3 km。区内煤层主要分布在 F_{13} 逆断层的上盘。

调查区内褶皱构造有背斜和向斜。其中，背斜构造主要位于调查区中东部，为一个向西倾没的背斜构造，褶皱轴向近于东西，北翼地层倾角为 45°左右，南翼地层倾角较陡，局部可达 80°以上，西部地层倾角为 45°左右，核部地层近于水平，倾角在 2°左右。向斜构造地层主要位于调查区中西部总体走向近于东西，倾向北，倾角为 45°左右，调查区西南部地层走向转为 200°左右，倾向为 290°，倾角局部可达 70°以上，甚至反倾斜。

① 粉质黏土：以黄褐色为主，黏粒含量大于 75%，湿-稍湿，可塑状态，承载

力特征值为150～180 kPa。

② 碎石：黄褐色为主，成分以砂岩为主，粒径为20～60 mm，含量大于50%。偶含圆砾，圆砾成分复杂，粒径不均，大者大于10 mm，大小混杂，分选差。粒径大于2 mm的含量大于35%，局部黏性土充填。稍-中密状态。承载力特征值为280～300 kPa。

6.2 数值模型建立

6.2.1 计算模型及模型参数

(1) 计算模型

数值模拟软件选用$FLAC^{3D}$。根据工作区地质环境条件和采空区空间形态，建立3D数值计算模型，模型整体取南北400 m，东西200 m，深度300 m，并按照采空区空间位置及尺寸确定模型范围，进行单元网格划分，建立长、宽、高为400 m×200 m×300 m的三维模型。所用本构模型选择为弹塑性本构模型，屈服准则为莫尔-库仑屈服准则，建立的计算模型如图6-1所示。

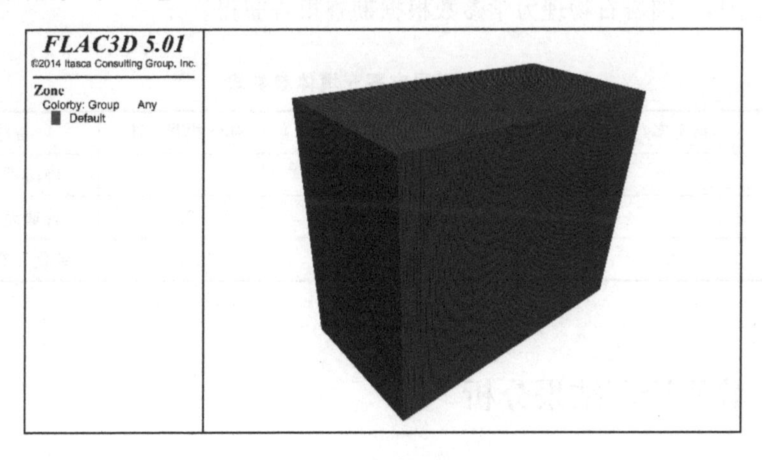

图6-1 模型示意图

(2) 模型参数

模型参数根据现场实测数据而确定，见表6-1。

表 6-1 模型参数表

岩层	厚度 /m	体积模量 /GPa	剪切模量 /GPa	摩擦角 /(°)	抗拉强度 /MPa	密度 /(g/cm^3)	黏聚力 /MPa
黄黏土	40.000	0.8	0.3	37	3.1	1.8	1.2
砂砾石	10.410	1.3	0.5	30	7.6	2.3	3.4
中粒砂岩	8.050	2.2	1.2	42	12.0	2.5	4.6
细粒砂岩	7.000	1.5	0.7	35	6.2	2.3	3.0
粉砂岩	4.175	1.0	0.5	33	4.6	2.5	2.7
铁矿层	5.140	2.5	1.3	37	6.7	2.2	3.0
粉砂岩	7.790	2.2	1.2	48	8.9	2.6	4.1

6.2.2 充填体耐久性模拟方案设计

结合前文所研究的充填条件进行模拟，设计采空区垮落法开采、充填法开采、碳化后充填体开采 3 种充填体耐久性模拟方案，方案的部分充填参数如表 6-2所列，详细岩石物理力学参数根据勘查报告获得。

表 6-2 不同方案充填体参数表

方案	充实率/%	抗压强度/MPa	密度/(kg/m^3)	弹性模量/GPa	备注
一	—	—	—	—	垮落不充填
二	80	3.5	1 600	0.5	普通充填体
三	80	3.0	1 600	0.4	碳化后充填体

6.3 数值计算结果分析

本节按采空区垮落不充填体充填、普通充填体充填、充填体碳化后充填 3 种方案进行数值模拟分析，从采场支承压力分布和覆岩位移变形 2 个角度研究充填体耐久性对充填效果的影响。

6.3.1 充填体耐久性与支承压力演化关系

(1) 方案一

如图 6-2 为采空区垮落不充填开采时的垂直应力云图。随着工作面的推

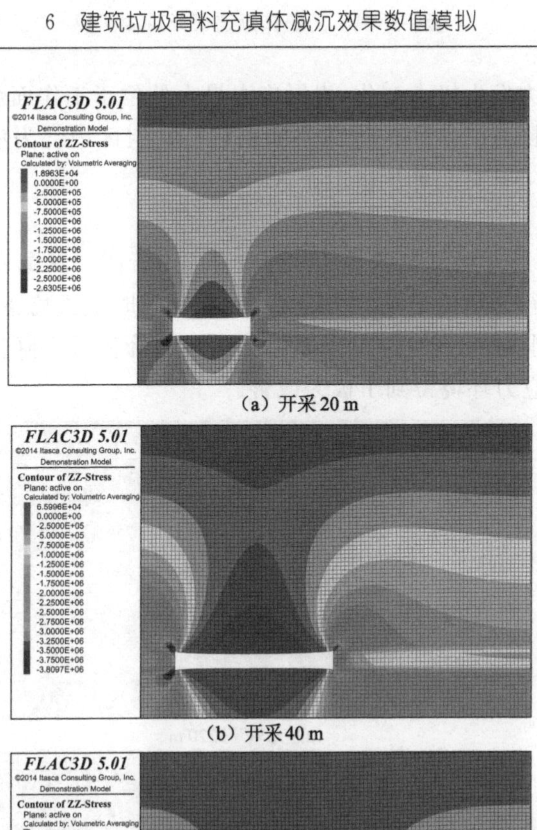

（a）开采 20 m

（b）开采 40 m

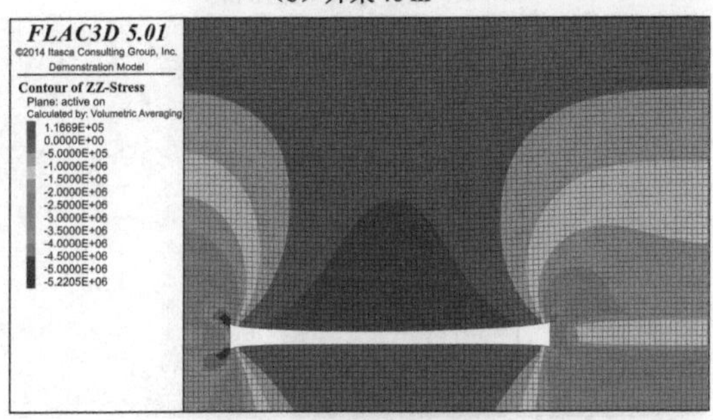

（c）开采 60 m

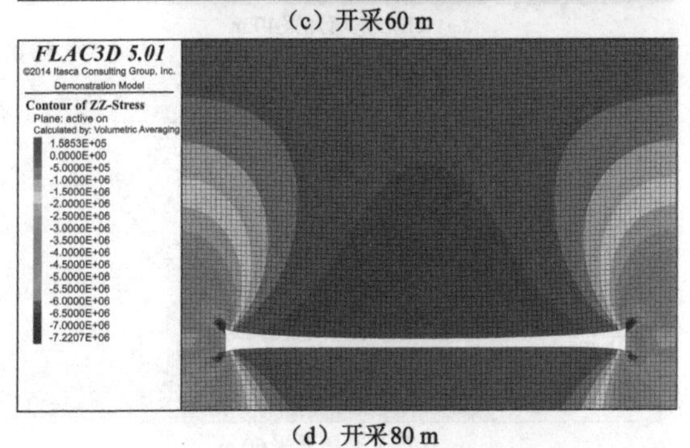

（d）开采 80 m

图 6-2　采空区垮落不充填开采时的垂直应力云图

进，采场覆岩应力发生极大变化，岩层应力最大处位于工作面煤壁一侧，最大达到 7.2 MPa，且随着工作面推进而不断前移。采空区中部为应力降低区，应力降低幅度可达 6 MPa，且卸压区范围大。

(2) 方案二

图 6-3 为普通充填体充填开采时的垂直应力云图。煤炭采出后立即进行充填，相比较未进行充填的采场应力分布，充填开采时上方垮落岩层的重量作用在充填体与四周煤壁上，使得工作面附近的应力峰值得到降低，最大应力值为 6.1 MPa，周围应力环境得到了极大改善。

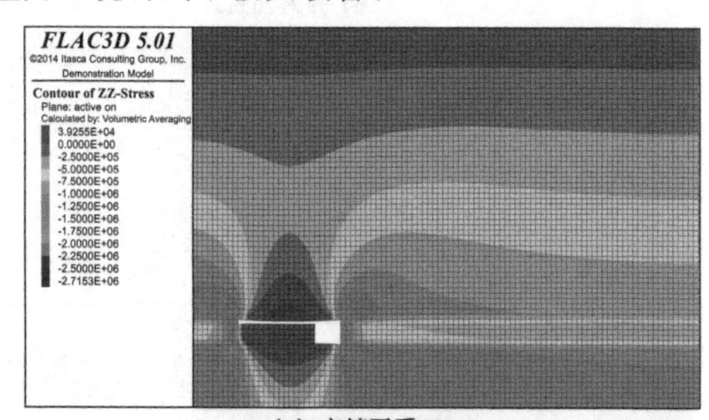

(a) 充填开采20 m

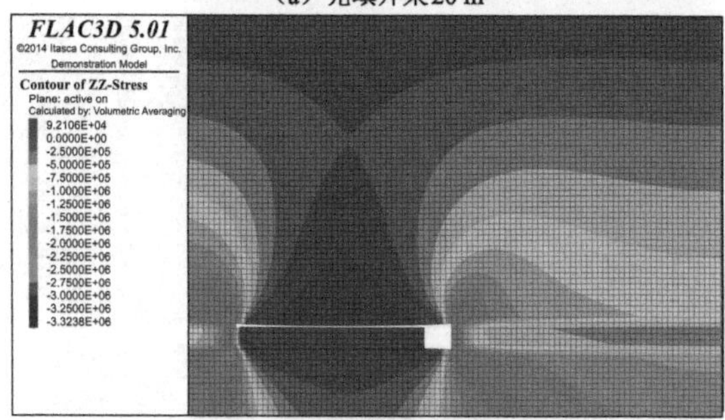

(b) 充填开采40 m

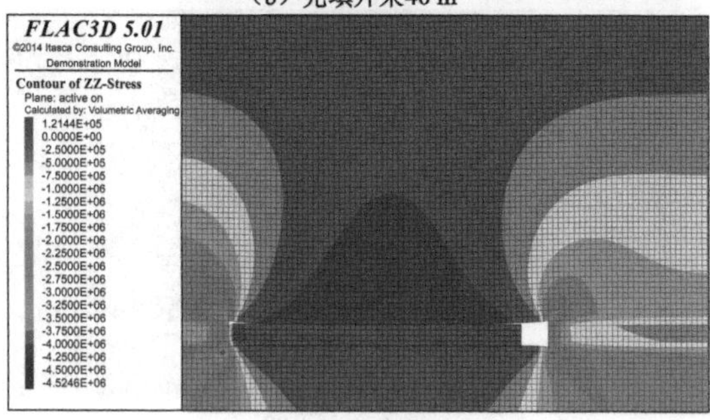

(c) 充填开采60 m

图 6-3 普通充填体充填开采时的垂直应力云图

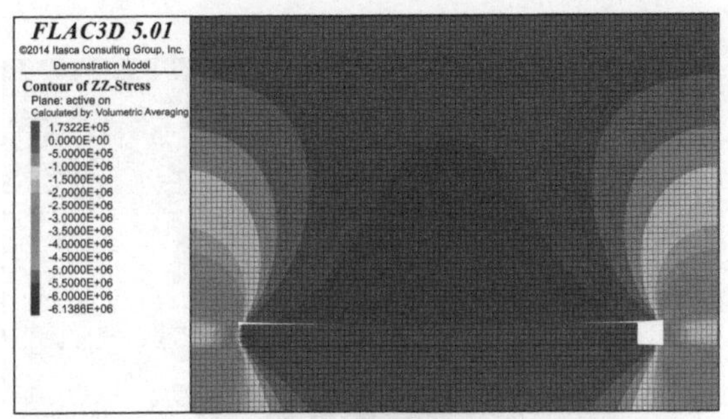

(d) 充填开采80 m

图 6-3(续)

(3) 方案三

图 6-4 为充填体碳化后充填开采时的垂直应力云图。与普通充填体采场应力分布图比较后可以发现,碳化后的充填体仍然可以减小顶板的下沉,使采场应力环境得到改善。但由于碳化后的充填体强度降低,工作面附近仍有较大的应力峰值。

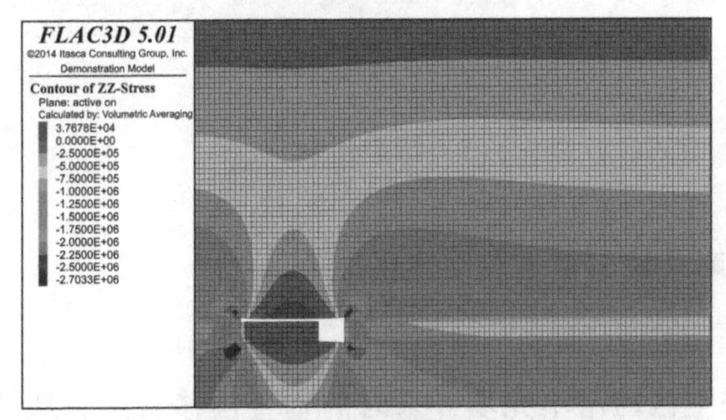

(a) 充填开采20 m

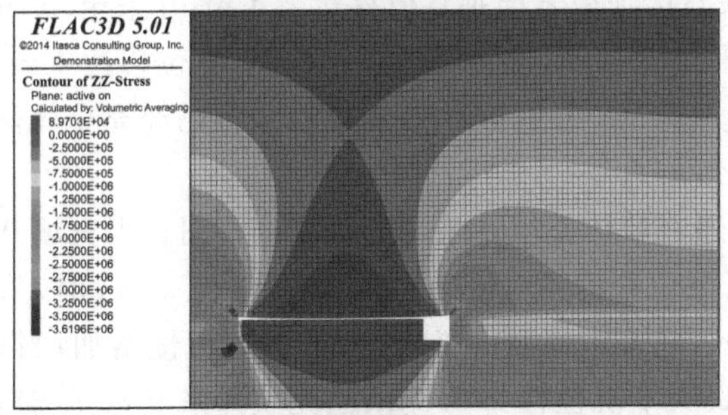

(b) 充填开采40 m

图 6-4 充填体碳化后充填开采时的垂直应力云图

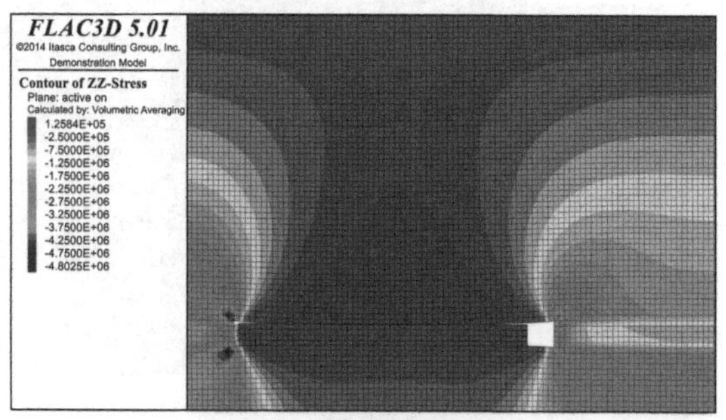

（c）充填开采60 m

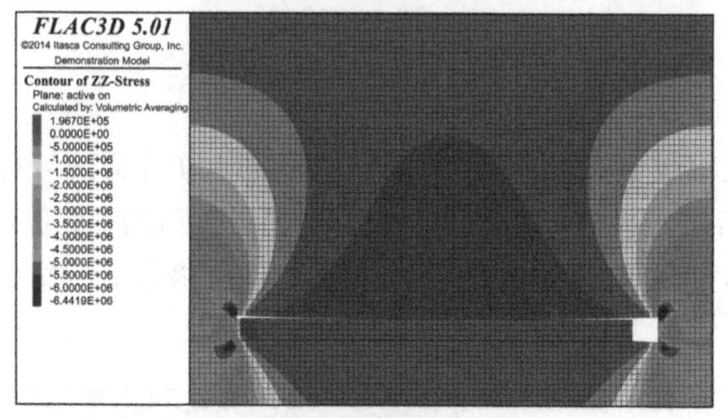

（d）充填开采80 m

图 6-4(续)

6.3.2 充填体耐久性与覆岩移动演化关系

(1) 方案一

图 6-5 为采空区垮落不充填开采时的垂直位移云图。从图中可以发现，开采至 20 m 时，采空区顶板岩层垂直位移达 2.4 m；开采至 40 m 时，顶板岩层位移达 2.5 m；开采至 60 m 时，采空区顶板岩层垂直位移达 4 m；开采至 80 m 时，顶板岩层位移达到最大，为 4.5 m，表明此时顶板已经充分垮落。

(2) 方案二

图 6-6 为普通充填体充填开采时的垂直位移图。当充填开采至 20 m 时，采空区顶板最大下沉位移为 0.023 m；当充填开采至 40 m 时，采空区顶板最大下沉位移为 0.75 m，随着工作面的推进，顶板位移缓慢增加；当充填开采至 60 m 时，采空区顶板最大下沉位移为 0.8 m；当充填开采至 80 m 时，采空区顶板最大下沉位移为 0.92 m。总体来看，利用充填材料进行充填开采可以明显减小地表沉降。

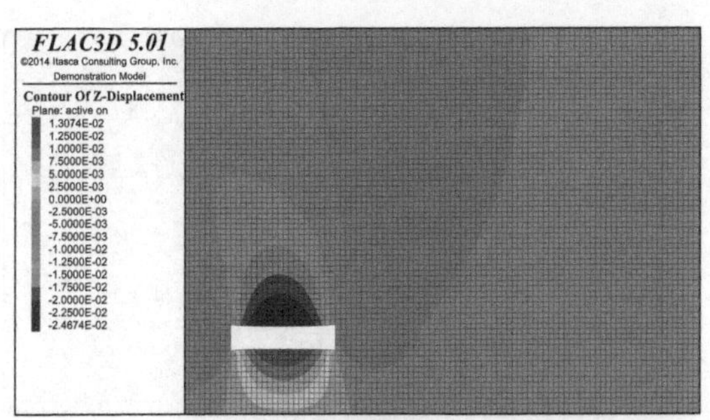

(a) 开采20 m

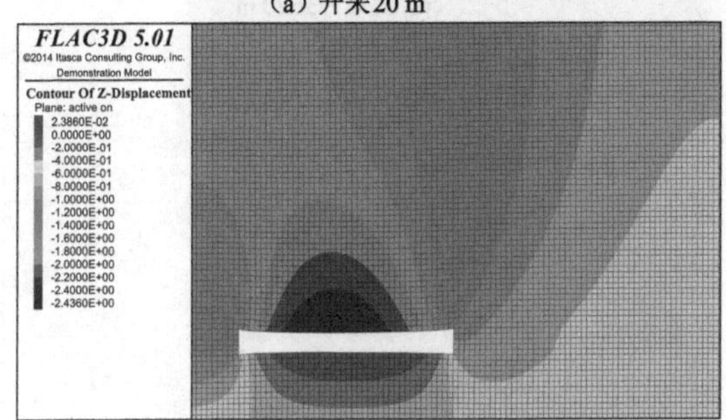

(b) 开采40 m

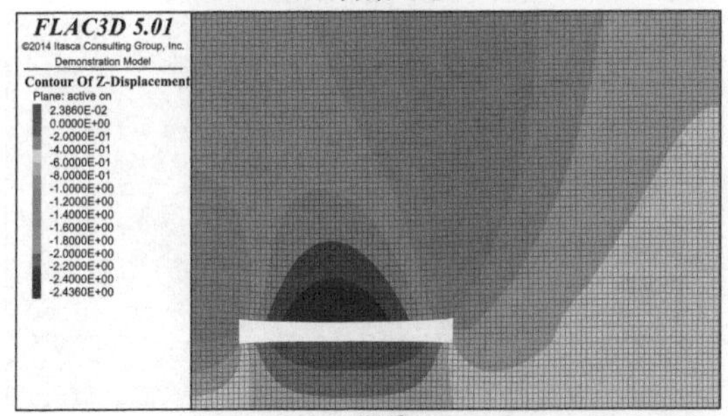

(c) 开采60 m

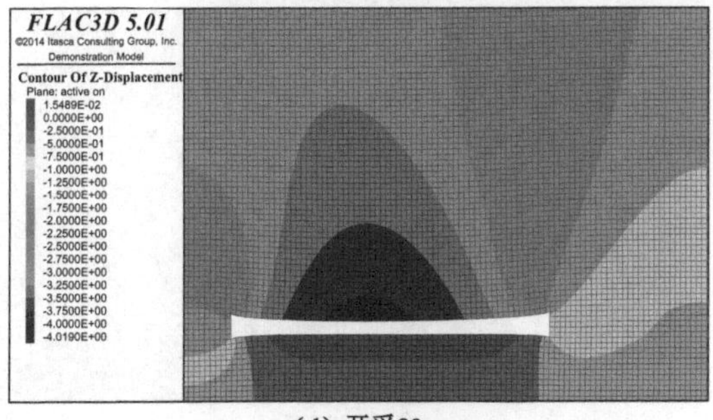

(d) 开采80 m

图 6-5 采空区垮落不充填开采时的垂直位移云图

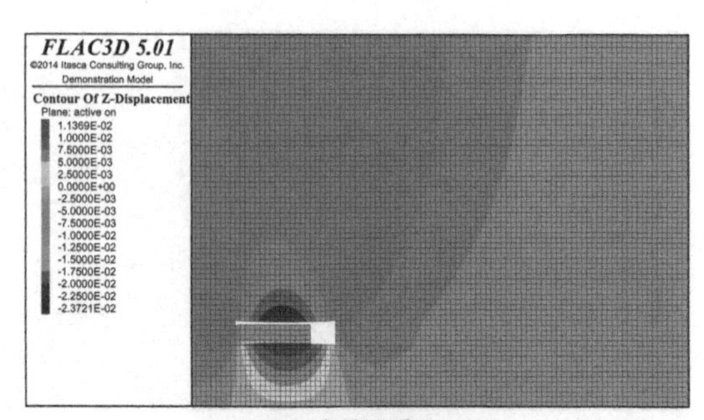

（a）充填开采20 m

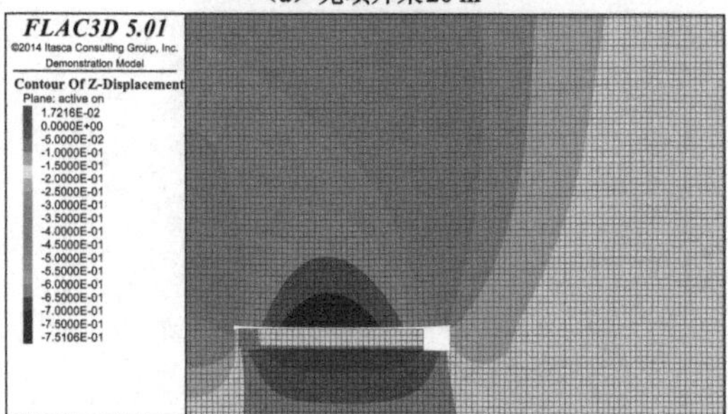

（b）充填开采40 m

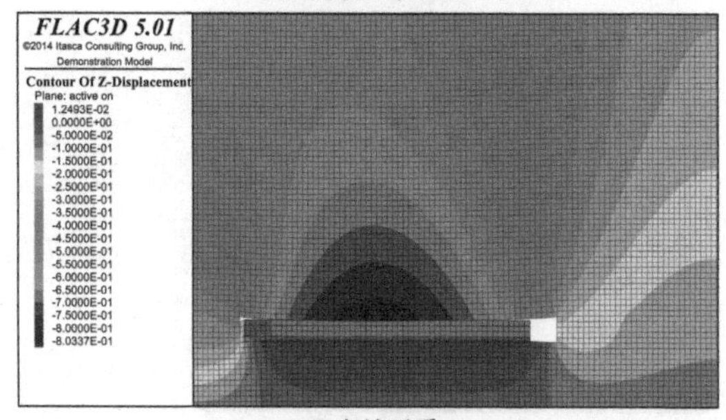

（c）充填开采60 m

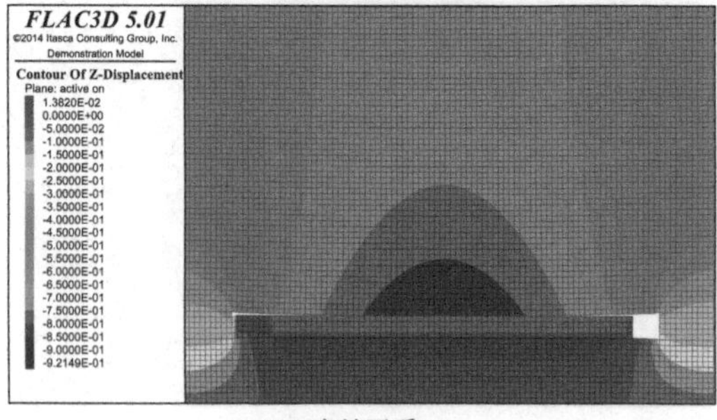

（d）充填开采80 m

图 6-6　普通充填体充填开采时的垂直位移云图

(3) 方案三

图 6-7 为充填体碳化充后填开采时的垂直位移云图。当充填开采至 20 m 时，采空区顶板最大下沉位移为 0.024 m；当充填开采至 40 m 时，采空区顶板最大下沉位移为 0.75 m；当充填开采至 60 m 时，采空区顶板最大下沉位移为 0.92 m；当充填开采至 80 m 时，采空区顶板最大下沉位移为 0.93 m。相比较普通充填体采空区顶板的变形，碳化后充填体的顶板下沉量更大，说明充填体受碳化影响后控制地表塌陷的能力减弱。

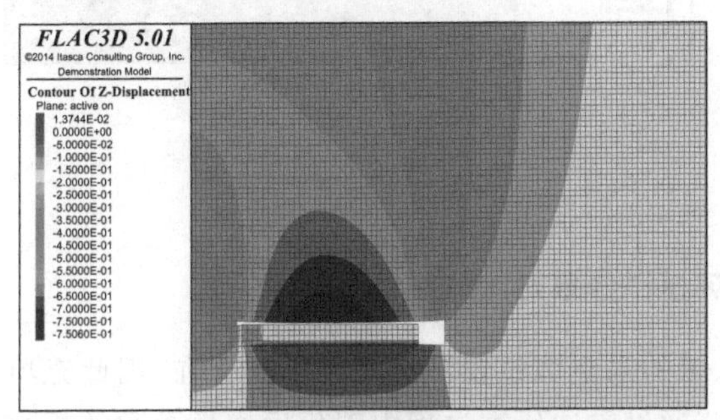

(a) 充填开采20 m

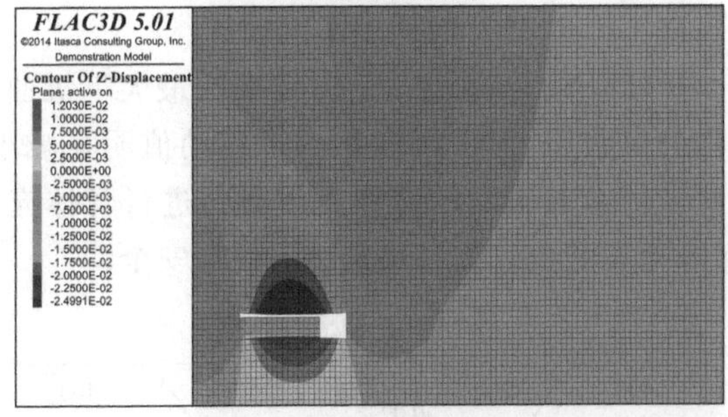

(b) 充填开采40 m

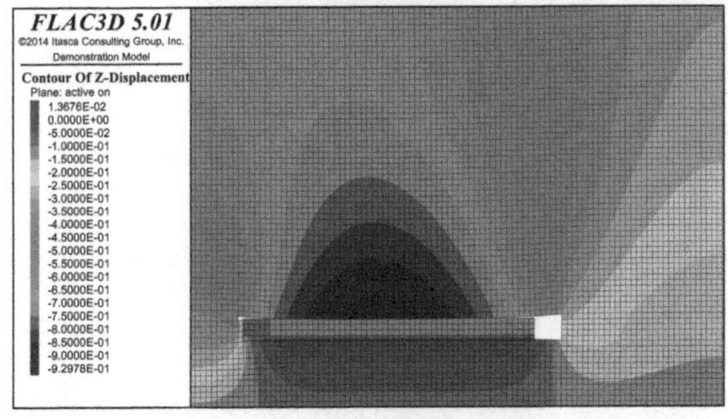

(c) 充填开采60 m

图 6-7 充填体碳化后充填开采时的垂直位移云图

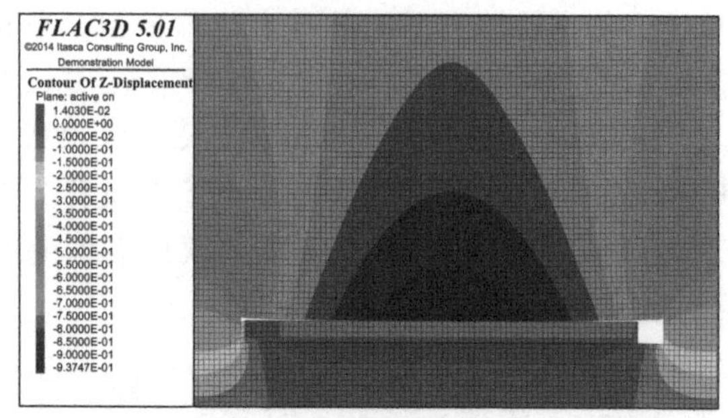

(d) 充填开采80 m

图 6-7(续)

6.3.3 地表下沉模拟结果对比分析

由于所在区域的采空区位置没有矿井水的存在,因此充填体主要受到碳化作用的影响,本节通过前述研究过程中碳化后力学参数的折减来分析标准试验条件下人工快速碳化 1 d 和 28 d 的地表下沉规律。

从图 6-8、图 6-9 可以看出,采空区上方地表的最大下沉曲线和水平移动曲线仍然大致呈对称分布状态,但下沉值和水平移动值明显减小,仅为未充填时的 1/10 左右,因此采用本书研发的膏体充填材料进行膏体充填开采可以明显减小地表沉降,保障地表的建筑物和构筑物的使用安全。

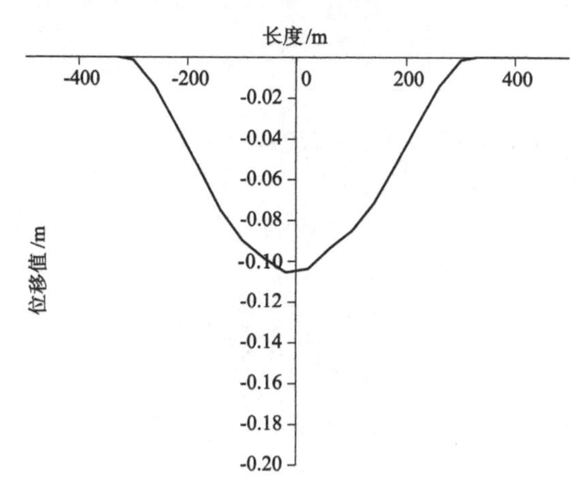

图 6-8　充填后走向主断面上的下沉曲线

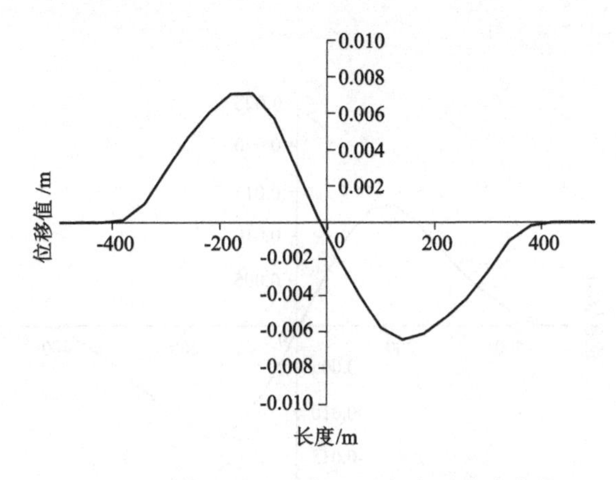

图 6-9　充填后走向主断面上的水平移动曲线

从图 6-10、图 6-11 可以看出，人工快速碳化 1 d 后，充填的效果受到了一定的影响，地表最大下沉值达到了 0.19 m，比未碳化时有一定程度的增加，但比未充填时的沉降小很多。

从图 6-12、图 6-13 可以看出，人工快速碳化 28 d 后，地表最大下沉值达到了 0.23 m，比人工快速碳化 1 d 时有一定程度的增加，说明碳化时间的延长对充填的效果仍然有一定影响。

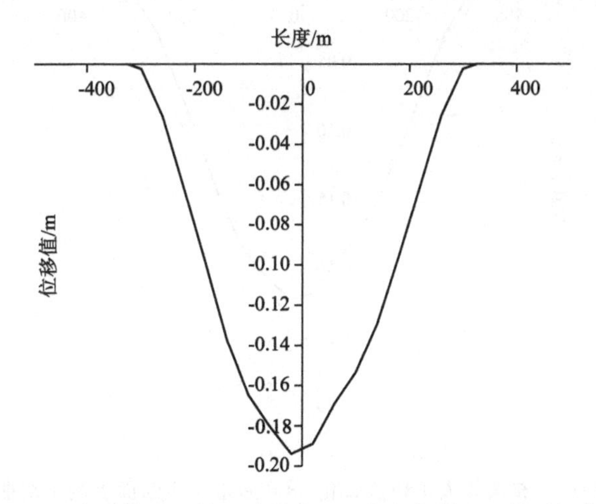

图 6-10　充填体人工快速碳化 1 d 后走向主断面上的下沉曲线

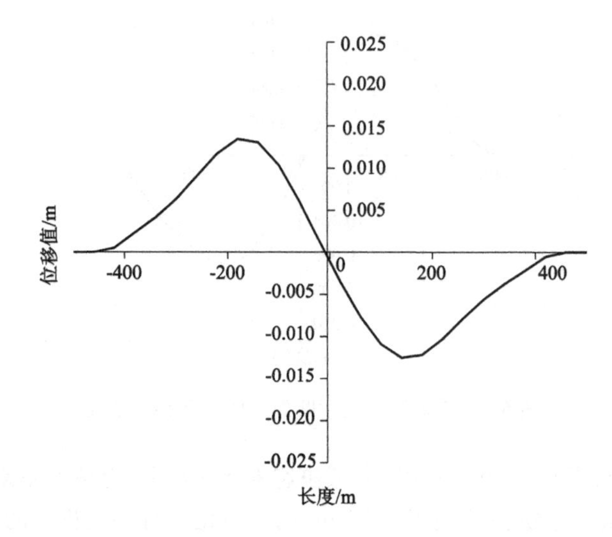

图 6-11　充填体人工快速碳化 1 d 后走向主断面上的水平移动曲线

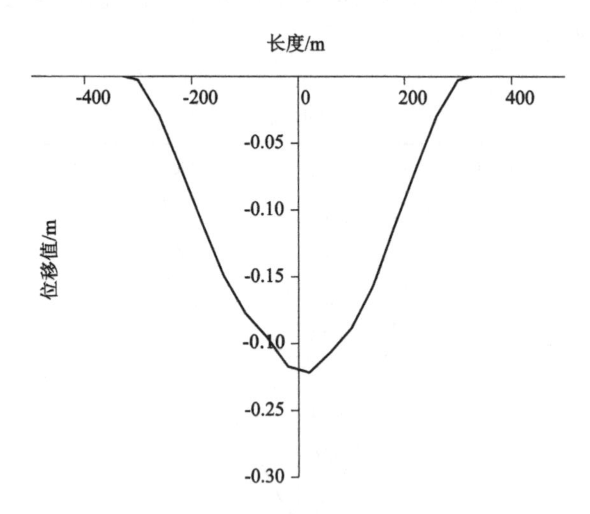

图 6-12　充填体人工快速碳化 28 d 后走向主断面上的下沉曲线

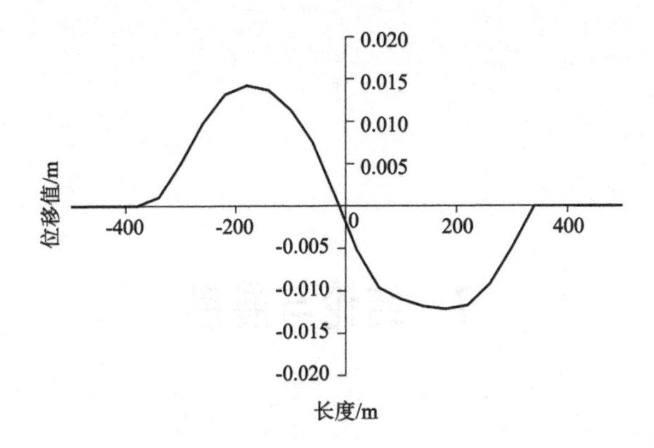

图 6-13　充填体人工快速碳化 28 d 后走向主断面上的水平移动曲线

6.4　本章小结

对采空区垮落不充填、普通充填体充填、充填体碳化后充填 3 种方案进行模拟。不充填时顶板岩层位移最大达 4.5 m，下沉最大位置位于采空区顶板位置；普通充填体充填开采时，顶板岩层位移最大达 0.92 m，充填体碳化后充填开采时顶板岩层位移最大达 0.93 m，且充填体充填后极大改善了采场应力环境。

采用建筑垃圾骨料充填体充填后采空区上方地表的最大下沉曲线和水平移动曲线仍然大致呈对称分布状态，但下沉值和水平移动值明显减小，仅为未充填时的 1/10 左右，因此采用本书研发的充填材料进行充填开采可以明显减小地表沉降，保障地表的建筑物和构筑物的使用安全。

人工快速碳化 1 d 后，充填的效果受到了一定的影响，地表最大下沉值达到了 0.19 m，比未碳化时有一定程度的增加，但比未充填时的沉降小很多。人工快速碳化 28 d 后，地表最大下沉值达到了 0.23 m，比人工快速碳化 1 d 时有一定程度的增加，说明碳化时间的延长对充填的效果仍然有一定影响。

7 结论与展望

7.1 结论

矿山充填开采在减少固体废弃物排放和保证采空区地表稳定方面具有重要意义，而现今很多矿山在开采过程中产生的可用于充填材料粗骨料的煤矸石并不足以满足充填开采的用量，且煤矸石遇水膨胀的现象可能会引发充填体强度的下降，诱发地表沉降，因此探索选取其他材料作为膏体充填材料的粗骨料非常必要。本书在我国建筑垃圾年产量日益增大，而总体资源化率偏低的背景下，研究利用建筑垃圾这种固体废料作为粗骨料制备一种能够满足矿山生产实际要求且造价较为低廉的充填材料，并对其力学性能及在复杂矿井环境中可能受到的碳化作用和矿井水腐蚀作用下的力学性能演化规律开展研究。

本书通过组分优化、单轴压缩、三轴蠕变、碳化、腐蚀等室内试验手段，结合理论分析和数值模拟，探索了建筑垃圾骨料充填体力学性能及其在碳化作用、矿井水腐蚀作用下力学性能的演化规律，得出以下主要结论：

(1) 以建筑垃圾为粗骨料、天然砂为细骨料，以水泥为胶凝材料，掺入粉煤灰，开展了正交设计试验制备建筑垃圾骨料充填体，测试了不同配合比条件下充填体的坍落度和单轴抗压强度，确定最优配合比的质量分数为83%、水灰比为2.5、砂率为65%、粉煤灰用量为250 kg/m^3，材料具备较好的流动性且密实、均匀、泌水较少，在满足矿山生产实践要求的前提下造价最低。

(2) 开展了不同尺寸试件和不同养护条件下立方体试件的单轴压缩试验，结果表明在相同的形状条件下，建筑垃圾骨料充填体试件强度随尺寸的增大而减小，在相同高度条件下，立方体试件强度与弹性模量大于圆柱体试件的；随着养护温度的升高，充填体的强度和弹性模量均有一定程度的增加；养护湿度对早期试件强度和弹性模量影响不大，后期呈正相关关系，即湿度越小，强度和弹性模量越小。

(3) 开展了建筑垃圾骨料充填体的蠕变试验，在偏应力为 1 MPa、1.5 MPa 和 2 MPa 的应力水平下，建筑垃圾骨料充填体试件呈现出衰减蠕变和稳态蠕变 2 个阶段，在偏应力为 2.5 MPa 的应力水平下，试件呈现出衰减蠕变、稳态蠕变和加速蠕变 3 个阶段。通过在 Kelvin-Voigt 模型上串联一个能够体现加速蠕变的应变触发的非线性黏壶元件，建立了可用于描述建筑垃圾骨料充填体蠕变性能演化规律的模型。

(4) 开展了标准试验条件、不同 CO_2 浓度条件、不同湿度条件和不同温度条件下建筑垃圾骨料充填体的碳化试验及试件碳化后的单轴压缩试验。试件碳化深度随碳化时间的增加而增加，碳化速率随碳化时间增加而下降，碳化深度和碳化速率随 CO_2 浓度增加而增加，随着碳化湿度增加而下降，随着碳化温度升高而增加；CO_2 浓度对试件早期强度损失率影响较大，两者呈负相关关系，在强度下降速率稳定后，不再有影响；碳化湿度对充填体强度损失影响微小，两者呈负相关关系；碳化温度越高，强度损失越快。基于以上试验结果，构建了建筑垃圾骨料充填体碳化深度、碳化速率及碳化后强度损失率随时间演化的数学模型，可用于反映建筑垃圾骨料充填体的碳化规律及碳化后的强度损失规律。

(5) 开展了不同浓度的盐溶液和不同浓度的酸溶液对建筑垃圾骨料充填体腐蚀不同时间的化学腐蚀试验和试件腐蚀后的单轴压缩试验。SO_4^{2-} 离子对建筑垃圾骨料充填体的腐蚀作用强于 Cl^- 离子，Na_2SO_4 溶液结晶产生的体积膨胀更大，对充填体的腐蚀程度强于 $MgSO_4$ 溶液；酸溶液的腐蚀程度明显超过了盐溶液的腐蚀，硫酸溶液强于盐酸溶液。基于以上试验结果，建立了可以描述建筑垃圾骨料充填体在矿井水化学腐蚀作用下强度损失规律的数学模型。

(6) 对潘家西沟煤矿采空区不充填、普通充填、充填体碳化后 3 种方案进行了数值模拟，模拟结果充分说明采用本书研发的充填材料进行充填开采可以明显减小地表沉降，保障地表的建筑物和构筑物的使用安全。

7.2 展望

(1) 本书通过正交试验确定了一个最优配合比，仅对该配合比的建筑垃圾骨料充填体开展了研究，下一步研究中可以对多个配合比的建筑垃圾骨料充填体开展长期性能对比研究。

(2) 本书主要从宏观角度进行了建筑垃圾骨料充填体的长期性能演化规律研究，下一步可以从宏观、细观和微观多尺度相结合的角度进行研究。

(3) 本书开展研究时对应力场和化学腐蚀作用是分开进行研究的，下一步可以开展应力场、温度场、化学场和渗流场耦合作用对充填体长期性能影响的研究。

参考文献

[1] 钱鸣高,许家林,缪协兴.煤矿绿色开采技术[J].中国矿业大学学报,2003,32(4):5-10.

[2] 谢和平,王金华,申宝宏,等.煤炭开采新理念:科学开采与科学产能[J].煤炭学报,2012,37(7):1069-1079.

[3] 周华强,侯朝炯,孙希奎,等.固体废物膏体充填不迁村采煤[J].中国矿业大学学报,2004,33(2):154-159.

[4] MISHRA M K,RAO KARANAM U M. Geotechnical characterization of fly ash composites for backfilling mine voids[J]. Geotechnical and geological engineering,2006,24(6):1749-1765.

[5] 郑保才,周华强,何荣军.煤矸石膏体充填材料的试验研究[J].采矿与安全学报,2006,23(4):460-463.

[6] 赵才智.煤矿新型膏体充填材料性能及其应用研究[D].徐州:中国矿业大学,2008.

[7] 梁晓珍,王辉.以建筑垃圾为骨料的骨架式巷旁充填实验研究[J].金属矿山,2011(11):62-64.

[8] 刘音,陈军涛,刘进晓,等.建筑垃圾再生骨料膏体充填开采研究进展[J].山东科技大学学报(自然科学版),2012,31(6):52-56.

[9] 冯国瑞,任亚峰,张绪言,等.塔山矿充填开采的粉煤灰活性激发实验研究[J].煤炭学报,2011,36(5):732-737.

[10] 刘新河,王鹏,于海洋,等.骨架式膏体充填采空区试验研究[J].中国煤炭,2012,38(2):76-78.

[11] 王斌云.新型煤矸石膏体巷旁支护充填材料的研制[D].济南:济南大学,2012.

[12] 任亚峰.基于沉陷控制的充填材料配制研究[D].太原:太原理工大学,2012.

[13] 李理.油页岩废渣膏体充填材料研究[D].长春:吉林大学,2012.

[14] GANDHE A,UPADHYAYA P S,LEE C. Paste backfill-aims towards sustainable underground mining[J]. Journal of mines,metals and fuels,2013,61(7/8):219-224.

[15] 张钦礼,李谢平,杨伟.基于BP网络的某矿山充填料浆配比优化[J].中南大学学报(自然科学版),2013,44(7):2867-2874.

[16] 王洪江,李辉,吴爱祥,等.锗废渣掺量对水泥及膏体水化凝结的影响规律[J].中南大学学报(自然科学版),2013,44(2):743-748.

[17] KRUPNIK L A,SHAPOSHNIK Y N,SHAPOSHNIK S N,et al. Backfilling technology in Kazakhstan mines[J]. Journal of mining science,2013,49(1):82-89.

[18] YILMAZ E,BELEM T,BENZAAZOUA M. Effects of curing and stress conditions on hydromechanical,geotechnical and geochemical properties of cemented paste backfill[J]. Engineering geology,2014,168:23-37.

[19] 王新民,杨建,张钦礼.基于磁化水的建筑垃圾深井充填新技术[J].中国矿业大学学报,2014,43(6):981-986.

[20] 张保良,刘音,张浩强,等.建筑垃圾再生骨料膏体充填环管试验[J].金属矿山,2014(2):176-180.

[21] 王新民,薛希龙,张钦礼,等.碎石和磷石膏联合胶结充填最佳配比及应用[J].中南大学学报(自然科学版),2015,46(10):3767-3773.

[22] 张新国,郭惟嘉,张涛,等.浅部开采尾砂膏体巷采设计与地表沉陷控制[J].煤炭学报,2015,40(6):1326-1332.

[23] 李克庆,冯琳,高术杰.镍渣基矿井充填用胶凝材料的制备[J].工程科学学报,2015,37(1):1-6.

[24] 吴爱祥,沈慧明,姜立春,等.窄长型充填体的拱架效应及其对目标强度的影响[J].中国有色金属学报,2016,26(3):648-654.

[25] 马国伟,李之建,易夏玮,等.纤维增强膏体充填材料的宏细观试验[J].北京工业大学学报,2016,42(3):406-412.

[26] 钟常运,王洪江,吴爱祥,等.全尾砂膏体充填粉煤灰活性效应研究[J].金属矿山,2017(2):184-187.

[27] 刘音,路瑶,郭皓,等.建筑垃圾膏体充填材料配比优化试验研究[J].煤矿安全,2017,48(6):65-68.

[28] 金佳旭,王思维,冀文明,等.尾矿砂膏体充填材料工作与力学性能研究[J].非金属矿,2017,40(2):32-34.

[29] 王莹莹，谢光天，李泽荃. 煤矸石质似膏体充填胶结料的研制及水化机理研究[J]. 煤炭工程，2017，49(12)：141-144.
[30] PHAN VAN VIET，王东. 热电厂炉渣作为煤矿膏体充填材料的配比试验研究[J]. 中国安全生产科学技术，2018，14(1)：49-55.
[31] 许文远，郭利杰，杨小聪. 安庆铜矿不同颗粒级配尾砂优化组合膏体充填技术[J]. 金属矿山，2018(1)：16-20.
[32] 孙春东，张东升，王旭锋，等. 大尺寸高水材料巷旁充填体蠕变特性试验研究[J]. 采矿与安全工程学报，2012，29(4)：487-491.
[33] 杨欣. 充填体蠕变本构模型及其工程应用[D]. 赣州：江西理工大学，2011.
[34] 赵奎，何文，熊良宵，等. 尾砂胶结充填体蠕变模型及在 FLAC^{3D} 二次开发中的实验研究[J]. 岩土力学，2012，33(增刊 1)：112-116.
[35] 孙琦，张向东，杨逾. 膏体充填开采胶结体的蠕变本构模型[J]. 煤炭学报，2013，38(6)：994-1000.
[36] 仇培涛. 固体充填开采的分数阶渗流-蠕变模型及应用[D]. 徐州：中国矿业大学，2014.
[37] 林国洪，何文，赵奎，等. 充填体长期强度试验研究及工程应用[J]. 世界有色金属，2014(8)：34-36.
[38] 林卫星，柳小胜，欧任泽. 充填体单轴压缩蠕变特性试验研究[J]. 矿冶工程，2015，35(5)：1-3.
[39] 马乾天，张东炜. 基于颗粒流的块石胶结充填体短时蠕变特性研究[J]. 矿业研究与开发，2015，35(7)：68-71.
[40] 陈绍杰，刘小岩，韩野，等. 充填膏体蠕变硬化特征与机制试验研究[J]. 岩石力学与工程学报，2016，35(3)：570-578.
[41] 陈绍杰，朱彦，王其锋，等. 充填膏体蠕变宏观硬化试验研究[J]. 采矿与安全工程学报，2016，33(2)：348-353.
[42] 刘娟红，周茜，赵向辉. 富水充填材料蠕变及其硬化体内水分损失特征[J]. 工程科学学报，2016，38(5)：602-608.
[43] 赵树果，苏东良，张亚伦，等. 尾砂胶结充填体蠕变试验及统计损伤模型研究[J]. 金属矿山， 2016，45(5)：26-30.
[44] 赵树果，苏东良，邹威. 充填体分级加载蠕变试验及模型参数智能辨识[J]. 矿业研究与开发，2016，36(6)：54-57.
[45] 任贺旭，李群，赵树果，等. 全尾砂胶结充填体蠕变特性试验研究[J]. 矿业研究与开发，2016，36(1)：76-79.
[46] 邹威，赵树果，张亚伦. 全尾砂胶结充填体蠕变损伤破坏规律研究[J]. 矿业

研究与开发，2017，37(3)：47-50.

[47] 郭皓，刘音，崔博强，等.充填膏体蠕变损伤模型研究[J].矿业研究与开发，2018，38(3)：104-108.

[48] FALL M，SAMB S S. WITHDRAWN：Influence of curing temperature on strength，deformation behaviour and pore structure of cemented paste backfill at early ages[J]. Construction and building materials，2006，20：193-198.

[49] FALL M，CÉLESTIN J C，POKHAREL M， et. al. A contribution to understanding the effects of curing temperature on the mechanical properties of mine cemented tailings backfill[J]. Engineering geology，2010，114(3)：397-413.

[50] FALL M，POKHAREL M. Coupled effects of sulphate and temperature on the strength development of cemented tailings backfills：Portland cement-paste backfill[J]. Cement and concrete composites，2010，32(10)：819-828.

[51] 王宝，张虎元，董兴玲，等.矿山胶结充填体的硫酸盐侵蚀预防[J].矿业安全与环保，2008，35(4)：14-15.

[52] 王其锋，刘音，张浩强，等.矸石膏体充填材料耐久性试验研究[J].煤矿开采，2014，19(1)：3-6.

[53] 兰文涛.充填体碳化及其机理研究[D].淄博：山东理工大学，2014.

[54] WU D，LIU Y C，ZHENG Z X，et al. Impact energy absorption behavior of cemented coal gangue-fly ash backfill[J]. Geotechnical and geological engineering，2016，34(2)：471-480.

[55] WU D，SUN G H，LIU Y C. Modeling the thermo-hydro-chemical behavior of cemented coal gangue-fly ash backfill [J]. Construction and building materials，2016，111：522-528.

[56] WU D，HOU Y B，DENG T F，et. al. Thermal，hydraulic and mechanical performances of cemented coal gangue-fly ash backfill[J]. International journal of mineral processing，2017，162：12-18.

[57] WU D，YANG B G，LIU Y C. Transportability and pressure drop of fresh cemented coal gangue-fly ash backfill (CGFB) slurry in pipe loop[J]. Powder technology，2015，284：218-224.

[58] 孙琦，李喜林，卫星，等.矿井水腐蚀对充填膏体强度影响的试验研究[J].硅酸盐通报，2015，34(5)：1246-1251.

[59] 孙琦,李喜林,卫星,等.腐蚀和养护耦合作用下充填膏体强度演化规律研究[J].硅酸盐通报,2015,34(6):1480-1484.
[60] 孙琦,李喜林,卫星,等.硫酸盐腐蚀作用下膏体充填材料蠕变特性研究[J].中国安全生产科学技术,2015,11(3):12-18.
[61] 孙琦,李喜林,卫星,等.氯盐腐蚀对充填膏体蠕变特性影响的试验研究[J].实验力学,2015,30(2):231-238.
[62] 高萌,刘娟红,吴爱祥,等.典型氯盐环境中富水充填材料腐蚀及劣化机理[J].中南大学学报(自然科学版),2016,47(8):2776-2783.
[63] 高萌,刘娟红,吴爱祥.碳酸盐溶液中富水充填材料的腐蚀及劣化机理[J].工程科学学报,2015,22(8): 976-983.
[64] 刘娟红,高萌,吴爱祥.酸性环境中富水充填材料腐蚀及劣化机理[J].工程科学学报,2016,38(9):1212-1220.
[65] 黄永刚.酸性环境下全尾砂胶结充填体力学性能研究[D].赣州:江西理工大学,2017.
[66] 张胜光.井下充填体内钢筋的腐蚀特性及安全防护研究[J].采矿技术,2017,17(3):58-60.
[67] RONG H,ZHOU M,HOU H B. Pore structure evolution and its effect on strength development of sulfate-containing cemented paste backfill [J]. Minerals,2017,7(1):8.
[68] LI W,FALL M. Strength and self-desiccation of slag-cemented paste backfill at early ages:Link to initial sulphate concentration[J]. Cement and concrete composites,2018,89:160-168.
[69] 刘炜鹏,饶运章,徐文峰,等.酸性腐蚀对全尾砂胶结充填体物理力学性质的影响[J].矿业研究与开发,2018,38(3):91-94.
[70] 张聪俐.盐腐蚀环境下矸石骨料胶结充填材料性能演化特征研究[D].太原:太原理工大学,2018.
[71] 邓代强,姚中亮,唐绍辉.深井充填体细观破坏及充填机制研究[J].矿冶工程,2008,28(6):15-17.
[72] FALL M,SAMB S S. Effect of high temperature on strength and microstructural properties of cemented paste backfill[J]. Fire safety journal,2009,44(4):642-652.
[73] 祝丽萍,倪文,张旭芳,等.赤泥-矿渣-水泥基全尾砂胶结充填料的性能与微观结构[J].北京科技大学学报,2010,32(7):838-842.
[74] 王云鹏.废石胶结充填工艺研究及充填体细观层次力学性质数值模拟

[D]. 长沙：中南大学，2014.
[75] 徐文彬，潘卫东，丁明龙. 胶结充填体内部微观结构演化及其长期强度模型试验[J]. 中南大学学报(自然科学版)，2015，46(6)：2333-2341.
[76] 王有团. 金川低成本充填胶凝材料及高浓度料浆管输特性研究[D]. 北京：北京科技大学，2015.
[77] 孙光华，魏莎莎，刘祥鑫，等. 胶结充填体受压性能的非均质细观损伤研究[J]. 化工矿物与加工，2015，44(5)：41-44.
[78] 宁建国，刘学生，史新帅，等. 矿井采空区水泥-煤矸石充填体结构模型研究[J]. 煤炭科学技术，2015，43(12)：23-27.
[79] 程海勇，吴爱祥，王贻明，等. 粉煤灰-水泥基膏体微观结构分形表征及动力学特征[J]. 岩石力学与工程学报，2016，35(增刊 2)：4241-4248.
[80] 饶运章，邵亚建，肖广哲，等. 聚羧酸减水剂对超细全尾砂膏体性能的影响[J]. 中国有色金属学报，2016，26(12)：2647-2655.
[81] 李鑫，王炳文，游家梁，等. 尾砂胶结充填体力学性能与微观结构研究[J]. 中国矿业，2016，25(6)：169-172.
[82] 蓝志鹏，王新民，王洪江，等. 料浆凝结时间对高硫充填体强度影响试验研究[J]. 黄金科学技术，2016，24(5)：13-18.
[83] 许家林，尤琪，朱卫兵，等. 条带充填控制开采沉陷的理论研究[J]. 煤炭学报，2007，32(2)：119-122.
[84] 卢央泽，苏建军，姜仁义，等. 深部矿体胶结充填开采沉陷规律模拟分析[J]. 山东科技大学(自然科学版)2008，27(3)：44-50.
[85] 常庆粮. 膏体充填控制覆岩变形与地表沉陷的理论研究与实践[D]. 徐州：中国矿业大学，2009.
[86] HELINSKI M，FAHEY M，FOURIE A. Coupled two-dimensional finite element modelling of mine backfilling with cemented tailings[J]. Canadian geotechnical journal，2010，47(11)：1187-1200.
[87] ACKIM M，KRISHAN R. An experimental study on the suitability of using waste material as mine backfill：A case study from Konkola copper mine，Zambia[J]. Journal of mines，metals and fuels，2010，58(11)：316-323.
[88] 温国惠，李秀山，蒲志强，等. 孤岛煤柱膏体充填开采覆岩运动规律研究[J]. 山东科技大学学报(自然科学版)，2010，29(4)：46-50.
[89] 陈绍杰，郭惟嘉，周辉，等. 条带煤柱膏体充填开采覆岩结构模型及运动规律[J]. 煤炭学报，2011，36(7)：1081-1086.

[90] TAPSIEV A P,FREIDIN A M,FILIPPOV P A,et al. Extraction of gold-bearing ore from under the open pit bottom at the Makmal deposit by room-and-pillar mining with backfill made of production waste [J]. Journal of mining science,2011,47(3):324-329.

[91] 周跃进,陈勇,张吉雄,等. 充填开采充实率控制原理及技术研究[J]. 采矿与安全工程学报,2012,29(3):351-356.

[92] SENAPATI P K, MISHRA B K. Design considerations for hydraulic backfilling with coal combustion products (CCPs) at high solids concentrations[J]. Powder technology,2012,229:119-125.

[93] THOMPSON B D,BAWDEN W F,GRABINSKY M W. In situ measurements of cemented paste backfill at the Cayeli mine [J]. Canadian geotechnical journal,2012,49(7):755-772.

[94] ISLAM R,FARUQUE M O,AHAMMOD S,et al. Numerical modeling of mine backfilling associated with production enhancement at the barapukuria coalmine in Bangladesh[J]. Electronic journal of geotechnical engineering,2013,18:4313-4334.

[95] 韩文骥,宋光远,曹忠,等. 膏体充填开采孤岛煤柱覆岩移动规律研究[J]. 煤矿安全,2013,44(5):220-223.

[96] 白国良. 膏体充填综采工作面地表沉陷规律研究[J]. 煤炭科学技术,2014,42(1):102-105.

[97] 王光伟. 膏体充填开采遗留条带煤柱的理论研究与实践[D]. 徐州:中国矿业大学,2014.

[98] 王新民,张国庆,李帅,等. 高阶段大跨度充填体稳定性评估[J]. 中国安全科学学报,2015,25(6):91-97.

[99] 郭惟嘉,江宁,王海龙,等. 膏体置换煤柱充填体承载特性及工作面支护强度研究[J]. 采矿与安全工程学报,2016,33(4):585-591.

[100] 李贞芳. 中关铁矿大水下充填开采充填体围岩匹配及沉降控制[D]. 北京:中国矿业大学(北京),2016.

[101] 安百富,张吉雄,李猛,等. 充填回收房式煤柱采场煤柱稳定性分析[J]. 采矿与安全工程学报,2016,33(2):238-243.

[102] 常庆粮,唐维军,李秀山. 膏体充填综采底板破坏规律与实测研究[J]. 采矿与安全工程学报, 2016,33(1):96-101.

[103] 龚正国. 充填料管道水力输送特性的数值分析与研究[D]. 长沙:中南大学,2008.

[104] 王洪武.多相复合膏体充填料配比与输送参数优化[D].长沙:中南大学,2010.

[105] HASAN S. W, GHANNAM M. T, ESMAIL N. Heavy crude oil viscosity reduction and rheology for pipeline transportation[J]. Fuel, 2010, 89(5): 1095-1100.

[106] 李崇茂,王胜康,朱宁军.煤矿膏体充填泵送系统堵管问题探讨[J].中州煤炭,2011(8):47-49.

[107] WANG X M, ZHAO J W, XUE J H, et al. Features of pipe transportation of paste-like backfilling in deep mine[J]. Journal of Central South University of Technology, 2011, 18(5): 1413-1417.

[108] 李辉,王洪江,吴爱祥,等.锗废渣对膏体流变性能及自流输送规律研究[J].武汉理工大学学报,2012,34(12):113-118.

[109] 董慧珍,冯国瑞,郭育霞,等.新阳矿充填料浆管道输送特性的试验研究[J].采矿与安全工程学报,2013,30(6):880-885.

[110] ARCHIBALD J, HASSANI F. Underground mine backfill course[M]. Montreal: Canadian Institute of Mining, Metallurgy and Petroleum, 2015.

[111] 张钦礼,刘奇,赵建文,等.深井似膏体充填管道的输送特性[J].中国有色金属学报, 2015,25(11):3190-3195.

[112] 张修香,乔登攀.粗骨料高浓度充填料浆的管道输送模拟及试验[J].中国有色金属学报, 2015,25(1):258-266.

[113] 王少勇,吴爱祥,尹升华,等.膏体料浆管道输送压力损失的影响因素[J].工程科学学报, 2015,37(1):7-12.

[114] 杨志强,王永前,高谦,等.泵送减水剂对尾砂-棒磨砂膏体料浆和易性与充填体强度影响研究[J].福州大学学报(自然科学版),2015,43(1):129-134.

[115] 杨波,杨仕教,王富林.基于 ANSYS/FLOTRAN 的高浓度全尾砂胶结充填管道输送数值模拟研究[J].黄金科学技术,2015,23(5):60-65.

[116] 吴爱祥,程海勇,王贻明,等.考虑管壁滑移效应膏体管道的输送阻力特性[J].中国有色金属学报,2016,26(1):180-187.

[117] 吴爱祥,王建栋,彭乃兵.颗粒级配对粗骨料充填料浆离析的影响[J].中南大学学报(自然科学版),2016,47(9):3201-3207.

[118] 吴爱祥,艾纯明,王贻明,等.泵送剂改善膏体流变性能试验及机理分析[J].中南大学学报(自然科学版),2016,47(8):2752-2758.

[119] 薛希龙,王新民,张钦礼.充填管道磨损风险评估的组合权重与可变模糊

耦合模型[J]. 中南大学学报(自然科学版),2016,47(11):3752-3758.

[120] 刘志祥,肖思友,王卫华,等. 海底开采高倍线强阻力充填料浆的输送[J]. 中国有色金属学报, 2016,26(8):1802-1810.

[121] 牟宏伟,吕文生,杨鹏. 螺旋管在小倍线充填中的应用及充填倍线公式修正[J]. 工程科学学报,2016,38(8):1069-1074.

[122] 林天埜. 矸石似膏体充填料浆流动性能研究[D]. 北京:中国矿业大学(北京),2016.

[123] 曹兴,黄士兵,石玉锋,等. 纤维素对膏体充填材料泵送性能的影响[J]. 矿业工程研究,2017,32(1):19-23.

[124] 程海勇. 时-温效应下膏体流变参数及管阻特性[D]. 北京:北京科技大学,2018.

[125] 刘数华,冷发光,罗季英. 建筑材料试验研究的数学方法[M]. 北京:中国建材工业出版社,2006.

[126] ANNOR A B. A study of the characteristics and behaviour of composite backfill material[D]. Montreal:McGill University,2000.

[127] HASSANI F P,NOKKEN M R,ANNOR A. Physical and mechanical behaviour of various combinations of minefill materials [J]. CIM Bulletin,2007,2(11):22-24.

[128] 郭利杰. 尾砂胶结充填体抗压强度的尺寸效应研究[J]. 铀矿冶,2008(2):61-63.

[129] 叶光祥,解联库,郭利杰,等. 不同形状尺寸充填试样强度研究[J]. 中国矿业,2015,24(10):128-131.

[130] 徐淼斐,金爱兵,郭利杰,等. 全尾砂胶结充填体试样强度的尺寸效应试验研究[J]. 中国矿业,2016,25(5):87-92.

[131] 甘德清,韩亮,刘志义,等. 胶结充填体抗压强度尺寸效应的试验研究[J]. 金属矿山,2018(1):32-36.

[132] TAYLOR H F W. The chemistry of cements[M]. London:Academic Press,1964.

[133] 王勇. 初温效应下膏体多场性能关联机制及力学特性[D]. 北京:北京科技大学,2017.

[134] 齐亚静,姜清辉,王志俭,等. 改进西原模型的三维蠕变本构方程及其参数辨识[J]. 岩石力学与工程学报,2012,31(2):347-355.

[135] 张誉,蒋利学. 基于碳化机理的混凝土碳化深度实用数学模型[J]. 工业建筑,1998,28(1):16-19.

[136] 李洋. 混凝土碳化深度模型及其影响因素研究[D]. 阜新:辽宁工程技术大学,2015.

[137] 中华人民共和国住房和城乡建设部. 普通混凝土长期性能和耐久性能试验方法标准:GB/T 50082—2009[S]. 北京:中国建筑工业出版社,2009.

[138] 李喜林,王来贵,李顺武,等. 矿井水资源评价的研究现状及展望[J]. 安全与环境学报,2010,10(3):106-110.

[139] 李喜林,王来贵,刘浩. 矿井水资源评价:以阜新矿区为例[J]. 煤田地质与勘探,2012,40(2):49-54.

[140] 李喜林,王来贵,苑辉,等. 大面积采动矿区水环境灾害特征及防治措施[J]. 中国地质灾害与防治学报,2012,23(1):88-92.

[141] 狄军贞,安文博,王明昕,等. UAPB 和 PRB 反应器处理酸性矿井水[J]. 中国给水排水,2016,32(13):120-124.

[142] 周争,赵丽,葛小鹏,等. 酸性矿井水中和沉淀法除铁优化[J]. 环境工程学报,2014,8(6):2347-2352.

[143] 蔡昌凤,罗亚楠,张亚飞,等. 污泥厌氧发酵-硫酸盐还原菌耦合体系产电性能和处理酸性矿井水的研究[J]. 煤炭学报,2013,38(增刊 2):453-459.

[144] 高萌. 腐蚀环境中水泥基富水充填材料劣化机理研究[D]. 北京:北京科技大学,2017.